亦敌亦友的微生物

YI DI YI YOU DE WEISHENGWU

主编 程伟

四川科学技术出版社

·成都·

图书在版编目（CIP）数据

亦敌亦友的微生物 / 程伟主编. -- 成都 : 四川科学技术出版社, 2025.3. -- ISBN 978-7-5727-1654-6

Ⅰ. Q939-49

中国国家版本馆CIP数据核字第2025PB6015号

亦敌亦友的微生物

主　　编　程　伟

出 品 人　程佳月
策划组稿　钱丹凝
责任编辑　李　栎
助理编辑　尹澜欣
校　　对　翟博洋
封面设计　筱　亮
责任出版　欧晓春
出版发行　四川科学技术出版社
成都市锦江区三色路238号　邮政编码 610023
官方微信公众号 sckjcbs
传真 028-86361756
成品尺寸　156 mm × 236 mm
印　　张　15.5
字　　数　215 千
印　　刷　四川华龙印务有限公司
版　　次　2025年3月第 1 版
印　　次　2025年3月第 1 次印刷
定　　价　59.00元

ISBN 978-7-5727-1654-6

邮　购：成都市锦江区三色路238号新华之星A座25层　邮政编码：610023
电　话：028-86361770

本书编委会

主　编

程　伟

副主编

朱晓峰　田而慷　窦　超

编　者

顾芯源　薛涵允　颜　妍

赵　芩　张思雨　帅康灵

贾诗雨　李厚泽　姜志深

李晗菲　田可月　邓宛谕

古浚杰　张梦烨　赵欣洋

黄思诗　黄麟婷　徐名颉

邓傲蕾　李兆平　章雨鑫

校　对

吴晓悦　刘　桢　李明珊

“微”光汇聚，照亮未来

大千世界，微生物种类繁多、无处不在，同人们的日常生活息息相关。然而，周围的许多大朋友、小朋友们，跟我聊起这一话题时，总是“谈菌色变”，避之唯恐不及。我详细询问才知道，是微生物那些看着就“不易接近”的名字，再配合上朋友圈等社交媒体平台上被大量转发的各种“伪科学”信息，导致很多人对微生物缺乏全面而客观的认识，我不禁感慨：在微生物领域，我国的科普之路依然任重道远。

然而，每次我想进行一个“科普大扫盲”，就会无奈地发现，微生物世界太庞大、太琐碎，需要耐心地做长期的知识铺垫。同许多优秀的科研工作者一样，我发现将科学知识转化为科普知识并非易事，科普与科研，的的确确有很大区别。科研工作者的主要任务是进行科学研究、技术开发和创新，以及促进科学知识的传播和应用等，往往科学研究、技术开发及应用做得很好，但科学知识的传播，尤其将高深的科学知识和深奥的科学理论转化为浅显的科普知识鲜有人做。

那么，谁去传播这些知识呢？

科学家做科普工作的，不多；能做得好的，很少。三年前，程伟教授和我说，他们正在编写微生物科普图书，我非常期待。当我看到《亦敌亦友的微生物》成稿，更是十分惊喜，书中各种科普故事妙趣横生，深入浅出，让人爱不释手。

《亦敌亦友的微生物》足以让人们轻松阅读，“谈菌”不再“色变”。微生物与人类“亦敌亦友”的共生关系从人类出现一直延续至今。“亦敌亦友”不仅指部分微生物对人类的生产、生活有益也有害，还表现为同一种微生物有时能与人类“和平共处”，有时却会“反目成仇”。要使读者正确认识微生物与人类“亦敌亦友”的复杂关系，需要进行详细具体的微生物科普。本书很有意思地围绕该主题展开，能看出编著团队力求消除大家对微生物存在的误解的坚定决心。

阅读这样一本优秀的书，对青少年读者来说，是很有必要的：它不仅能帮助他们储备必要的知识，还能培养他们的思辨能力。青少年读者们在思考微生物与人类“亦敌亦友”的关系时，还能意识到只有对微生物有了全面而清晰的认知，才能分清“敌友”，实现“化敌为友”。这类书籍早期的引导，对于培养富有创造力和想象力的年轻一代，以及解决长期存在的生态问题、实现生态可持续发展也至关重要。

“幻想的天赋比积极吸收知识的能力更重要。”这次，在程伟教授主编的这本《亦敌亦友的微生物》中，我看到了两者兼得的可能性。微生物这门学科，可以说是相当基础的，甚至是比较枯燥的，是从基因、蛋白、细胞及群体水平研究各类微生物（如病毒、细菌、支原体）的结构、代谢、遗传、进化、分类，并将研究成果运用于医学、生态、工业生产等各个领域；但放到具体的情境之下，它又是极为生动、极其有用的。在生态领域，微生物研究对于生物多样性保护、生态可持续发展有着重要作用；在生命医学领域，如免疫调控、感染性疾病、内环境稳态及合成生物学等方面，微生物起着至关重要的作用；在工农业生产领域，微生物农药可以防治杂草、杀死病原微生物，提高土壤肥力、促进作物生长等。本书能看到这些已经存在的创新，同时也为别的和未来的可能性留有空间。

在阅读个别章节时，我感到特别亲切，尤其是我所研究的链霉菌和噬菌体的相关分子生物学内容。这本系统性的微生物科普图书，不只是简单地总结了微生物的种类，还增添了一些有趣的板块，介绍微生物代谢途径、代谢工程及生物农（医）药的创新等方面的新成果，同时也向青少年读者们阐明了我们的研究究竟有什么作用，比如微生物在食品加工和食品添加剂、化学品和能源产品等方面的实际意义。通过书中一段段极其生动的文字，大家能感受到：微生物的研究在生命健康、自然生态、经济社会、政治文化、国家安全等方面都起着举足轻重的作用。

当今中国的青年是与新时代共同发展、共同进步的一代，为加快国家发展，要抓紧时机实施科教兴国、人才强国和可持续发展的三大战略。国家把科教兴国战略放在首位，是为了充分发挥科学技术作为第一生产力的作用，培养新一代创新人才。大力发展微生物科普事业，引导青年一代学习相关知识，丰富精神文化生活，进而提高全民族的科学文化素质，增强公众面临传染病流行的防范意识和应对能力，促进全民健康生活，有效预防和控制疾病的传播。微生物作为自然界丰富生物资源的一种，其在自然界中起着重要作用，是生物圈不可或缺的一部分。人类生活中，微生物在医药、食品等领域被广泛利用。如何更充分地利用微生物，是青年一代要考虑的事情，青年一代要想充分地利用微生物，必须深入研究微生物，就需要有坚实的基础——微生物科普知识。因此，加大微生物知识的科普力度，出版微生物科普书籍显得尤为重要。

良好的开端是成功的一半！相信程伟教授主编的这本《亦敌亦友的微生物》对青少年读者们来说，是探索微生物道路上的启明灯，是进入微生物世界的向导，是深层次研究微生物的基石。

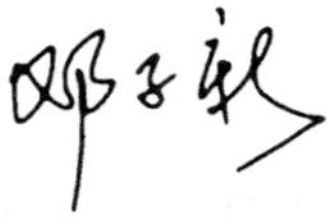

中国科学院院士　发展中国家科学院院士
俄罗斯工程院外籍院士　美国微生物科学院院士

2024年6月

前言

微生物，是什么？

微生物，是地球上一切无法用人类的肉眼看到的生物，包括细菌、病毒、真菌、支原体、藻类等。我们往往需要使用显微镜，才可以看清它们的真面目。

在人类历史的初期，我们就和它们有接触。它们会侵入伤口，破坏肉体，尤其在身体虚弱的时候，带来疾病，甚至危及生命。随着人类社会的进展，它们被开发出许多用处，多次推动了人类文化与社会的发展。

它们有着微小、不同的尺寸，也有着不同的特性。

我们都知道，随着体积变大，物体的表面积也会缓慢增加，但两者增加的速度不同。所以相对来说，体积与表面积的比值就会“越来越小”。微生物与之恰恰相反，它们有着“小”体积和“大”表面积。

微生物的表面有着许多输送营养的通道，它们的“大”表面积令它们可以更快地从外界吸收营养物质、更早发育成为一个“成熟”的个体，并孕育下一代。

微生物是动态的，它们每时每刻都要应对外部环境的挑战。不能适应的个体往往无法存活下来，所以快人一步的生命过程，让它们可以更快筛掉不适应的个体，保证整个族群的壮大繁荣。

微生物的生命进程很快，也很短暂，它们选择了与我们这种“大型”生物不同的演化之路。它们微在尺寸，但它们同样有着自己波澜壮阔或默默平凡的故事。

它们中的一些，曾在人类中肆虐破坏，给人类留下了惨痛的记忆；它们中的另一些，被挖掘出对人类有用的特性，被挑选出来成为我们生活的一部分。其实在这背后还有成千上万的微生物被我们忽视着，但它们也存在着。

每一种生物都有它在地球上的位置。

正如人类有着人种之分一样，微生物也分为多种丰富多样的类型。除了人们日常很熟悉的细菌、真菌、病毒这“三大势力”之外，还有一些零散的“小种族”——部分原核生物，包括放线菌、立克次氏体、支原体、衣原体和螺旋体。这就是微生物的“八大家族”。

正是因为“物以类聚”，才有了这么多的微生物家族。其中，病毒是最为特立独行的，因为它们没有细胞结构，而细菌、真菌、放线菌、立克次氏体、支原体、衣原体和螺旋体都有细胞结构。在这七类微生物中，真菌又和其他六大家族有些差异，因为真菌的细胞结构更完整，有核膜和核仁。剩下的细菌、放线菌、立克次氏体、支原体、衣原体和螺旋体这六大家族的关系特别紧密，所以常被概括为广义的“细菌”。

每一个微生物家族，都与我们人类有说不清道不明的故事。微生物与我们息息相关，亦敌亦友，“相爱相杀”。

首先，微生物与我们相互依存，是朋友。

我们每个人的体内都存在着无数微生物，它们的数量是我们自身细胞的 3 ～ 10 倍，而这些微生物所携带基因的数量，更是远远超过了人类的基因数量，它们对每个人的生活和身心健康都有着重要影响。

微生物种类繁多，99% 的天然微生物无法在实验室条件下培养，但那 1% 可以人工培养的微生物，已经给人类创造了巨大价值。

早在 5 000 年前，人类就开始利用微生物来满足自己的需求，随着技术手段不断进步，微生物涉及的领域更加广泛。在工业领域，我们会利用微生物进行发酵生产啤酒、酸奶等食品；在医疗领域，人们通过生物合成技术，对微生物的遗传物质进行编辑从而合成药物，达到治疗疾病的目的，比如抗生素、胰岛素等；在农业领域，微生物肥料可以提高土壤所含的养分，减少环境污染、节约大量资源。

不过，人类与微生物也一直在相互对抗。

90% 的人类疾病直接或间接地与微生物相关，像历史上骇人听闻的西班牙大流感、霍乱、黑死病等。它们都是微生物与人类的“战争”产物。

人类与微生物相互依存、相互对抗，我们既要在依存中最大化利用微生物，也要在对抗中保持平衡。

希望读者在阅读这本书的过程中，能对书中所介绍的各种类型的微生物形成系统的认识，了解真菌、细菌、病毒等微生物各自的特点与区别；在此基础上，逐渐对本书所介绍的常见微生物有所认识，了解它们的特征与所引起的疾病，还包括这些疾病的致病机制和发病症状。更重要的，是熟知这些微生物相关疾病的传播方式与对应的防治方法。

微生物的世界，是一个五彩缤纷、绚丽多彩的世界。读者可以通过一个个小故事来了解有关疾病的发源与历史，在心目中建立起一个个鲜活的微生物形象，在形象生动的文字中探索这些“小家伙”们到底是如何导致疾病的，或者是如何为我们人类所利用的。

当然，作为一本科普性图书，希望读者可以通过本书正确地认识有关疾病的流行学现状，以及在历史长河中，我们人类为战胜相关流行病、摆脱噩梦所作出的不懈努力。

近百年历经西班牙流感大流行、禽流感等，人们经历了疫情大规模扩散的危机和心痛，同样也感受过疫情得到控制后的欣慰和喜悦。

在未来，希望我们的读者在遇到困境时，能够冷静地思考、认真地分析。希望我们的读者在读完这本书后，能走近这些“亦敌亦友”的微生物，了解它们，认识它们：在面对“敌人”时，能够知己知彼，无所畏惧；在面对“朋友”时，能够和谐共处，为己所用。希望我们的读者能够真正地运用科学的武器保护自己。

本书的出版得到了邓子新院士的大力指导，得以成稿离不开各位编委的辛苦付出，出版社做了认真的编辑工作，在此表示衷心感谢。

本书的不妥和错漏之处在所难免，还望广大读者批评指正，以便我们修改和完善。

2024 年 7 月

目 录

细菌篇

真菌篇

病毒及特殊微生物篇

细菌篇

开篇语

细菌是一种广泛分布于自然界的微生物。细菌很小，肉眼无法看见，但它们在我们的生活中无处不在，在我们人体的体表和体内都分布着数量极多的细菌，很多细菌都是无害的，甚至对人体是有益的，比如我们常常说到的乳酸菌、双歧杆菌，它们生活在我们的肠道内，能帮助我们肠道吸收营养物质。可以这样说，我们人体的健康其实是人体正常细胞和细菌共同构建的一种平衡状态。有时，当这种平衡状态被打破时，细菌就有可能对人体造成危害。某些致病菌本来安分地生活在人体内，但在某些特定条件下大量繁殖，破坏人体正常生理功能，最终引起急性炎症。除了这些偶尔捣乱的细菌外，还有一些外来致病菌，它们进入人体后严重破坏人体健康甚至导致人的死亡。从古到今，有很多骇人听闻的传染病的暴发都是由外来致病菌引起的，比如鼠疫杆菌引起的鼠疫、霍乱弧菌引起的霍乱等。因此，深入了解细菌，利用对人类有益的细菌，控制对人类有害的细菌对我们来说是十分重要的。

细菌有球状、杆状、螺旋状三种基本形态，根据以上形态的不同，细菌分为球菌、杆菌和螺旋菌，而螺旋菌基于弯曲程度的不同又可进一步分为弧菌、螺菌和螺旋体。

作为一种单细胞原核生物，细菌与病毒不同，它们有着自己独立完整的细胞结构。细菌从外往里分别由细胞壁、细胞膜、细胞质、拟核构成。拟核里主要含有细菌的遗传物质 DNA，而细胞壁、细胞质作为细菌的基本结构，常常与细胞的致病机制息息相关。有的细菌细胞壁中含有磷壁酸，能够帮助细菌黏附在宿主细胞上，进一步侵袭人体；有的细菌细胞壁上含有特殊的脂多糖，当菌体裂解释放脂多糖的时候，脂多糖可作为毒素对正常细胞的生命活动造成影响，还有的细菌则能够合成并分泌毒素或者侵袭人体正常细胞的酶类。

细菌除了基础结构之外，还有很多特殊结构。比如有些细菌细胞壁外面还有一层荚膜，荚膜就像一层保护壳一样，能够帮助细菌自身抵抗宿主细胞的吞噬。许多细菌还有帮助运动的鞭毛，就像小尾巴一样，通过不停地摆动让细菌前进。某些细菌在条件恶劣的情况下，还会脱水浓缩形成小小的芽孢，待条件好转时再苏醒复原。芽孢生命力十分顽强，普通的消毒方式都不能杀死芽孢，要经过严格的灭菌才能杀死它们。这些结构都能够更好地帮助细菌生存下来。

细菌主要以二分裂的方式进行繁殖。在细菌生长到一定时期的时候细胞中间就会形成横隔，一个母细胞从横隔处逐渐断裂分开形成两个子细胞，子细胞又会重复这个过程继续分裂。细胞增殖的速度很快，一般细菌大约每 20 分钟就能分裂一次，但细菌在一般情况下不会无限地增殖下去，因为它们生活的环境中所能利用的营养物质也是有限的。

在抗生素还未被研制出来的时候，一个小小的细菌引起的感染可能就会导致人的死亡。1928 年，英国细菌学家亚历山大 · 弗莱明偶然地发现被青霉菌污染的培养基上细菌被大量杀死，无法继续繁殖，他意识到这是个伟大的发现，并将结果公布于世，但他当时并不知道具体是什么成分导致的。十年之后，霍华德 · 弗洛和厄恩斯特 · 钱恩从青霉菌中提取并鉴定了有效成分，即第一种被应用的抗生素——青霉素。后来科学家们在其他微生物中相继发现了链霉素、氯霉素、红霉素等多种抗生素。这些抗生素具体的作用机制有所不同，能够杀死的细菌也有所不同，但它们都能破坏细菌的正常结构，让细菌无法正常生存。由于抗生素的发现，人类的寿命得到了明显的延长，但抗生素的滥用也让细菌的耐药性越来越强，甚至一代一代进化出了不受现有常规抗生素影响的超级细菌。因此，如何正确地使用抗生素，也是医生和科学家们格外关注的话题。

为了避免细菌危害人体健康，在日常生活中，我们可以从两方面入手预防细菌的感染。一方面是加强自己的免疫力，能够有效地预防疾病的发生。提高免疫力，需要我们保持良好的生活习惯，比如，少抽烟、少喝酒、少熬夜，加强锻炼，注意营养均衡，只有自己身体变强壮了，才能把细菌拒之门外。另一方面是注意个人卫生以及居家卫生，比如，勤洗手、勤换衣、保证饮食安全，同时掌握一些常见的消毒方法，清理家里的卫生死角，防止细菌大量繁殖。常见的消毒方法有煮沸法，可用于碗筷、毛巾的消毒；喷洒化学物质，例如酒精、含氯消毒剂，可用于家居消毒。此外，还有紫外线消毒法。值得一提的是，太阳中的紫外线可以帮助我们杀灭细菌，因此衣服要勤洗勤晒，这样也能有效避免细菌的侵袭。

了解了关于细菌的基本知识，下面我们将按照细菌的种类对有代表性的细菌进行具体的介绍，来看看它们究竟有哪些不同，以及它们能引起什么样的疾病吧！

大肠杆菌

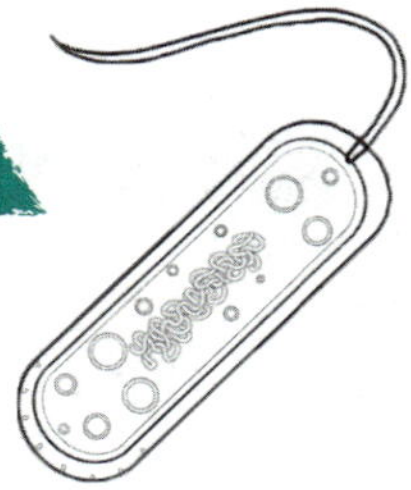

历史回顾

肚子痛的不知名凶手

2011 年夏天的一个傍晚，德国下萨克森州一位 83 岁老人因为肚子痛前往社区医院就医。医生们采用了各种方法，老人的症状却没有任何缓解。更奇怪的是，她在最后几天还出现了严重的胃肠出血症状，无奈之下，医生们只好给她服用大量的抗生素，可是这也无济于事。6 天之后，老人在医院去世。

大家为这位老人的不幸感到难过，却并没有引起重视。2 天之后，在同一地区出现了同样的 2 起死亡病例。这时候，人们开始发现事情有一些不对劲。德国卫生部迅速对诱发疾病的“凶手”展开了调查，然而这位“看不见的敌人”也没有闲着，它迅速地在这段时间内，潜入火车、巴士，传播到了德国的角角落落。不到一个月的时间里，相同症状的患者又在法国出现，恐慌在整个欧洲开始蔓延。很快，德国的科学家研究发现这次疫情的罪魁祸首是一种变异的大肠杆菌（H4 型），卫生部门迅速跟进开展了调查，并最终查出变异菌的来源是一家豆芽菜生产商。随着被污染的豆芽菜的停售，加上德国人开始注意食品卫生，拒绝生食，新的患者不再出现，这场来势汹汹的疫情最后就这样结束了。

常年与人和平相处的“元凶”

大肠杆菌，又叫大肠埃希菌。顾名思义，它长得像一根短小的木杆。它是动物肠道中的正常寄居菌，也就是说，我们每个人的体内都有它的存在，对人体的影响很小。可是，体内大量积累的大肠杆菌非常容易产生变异。比如前面提到的在德国引起疫情的 H4 型大肠杆菌，可怕的变异让它拥有了一种特殊的武器——溶血素。这种武器可以融入血液中，破坏我们肾脏的每一个角落，接着导致我们无法排出体内的毒素，严重的甚至会导致死亡。除了德国的 H4 型大肠杆菌外，这个家族的其他变异成员还会引起尿道感染、关节炎、脑膜炎等可怕的疾病。

了解了它的基本情况后，让我们一起来看看它是从哪儿来的吧！

大肠杆菌作为肠道内的细菌，它的来源也就只能是“病从口入”。鉴于患者集中出现在了德国西北部，科学家们就从那里的餐馆入手，一步一步顺藤摸瓜找到了变异菌的来源——豆芽菜。原来是当地豆芽菜生产商使用的肥料出现了问题：他们使用富含有机物的粪便作为肥料，这本是一件好事，但是却导致了少量的变异菌的迅速传播。据研究所调查，吃过这种豆芽菜的人感染变异菌的概率是普通人的 9 倍以上。加上德国人喜欢生吃蔬菜，才导致了这么大规模的感染。所以为了确保健康，大家尤其是小朋友们平时吃的蔬菜一定要确保煮熟哦。

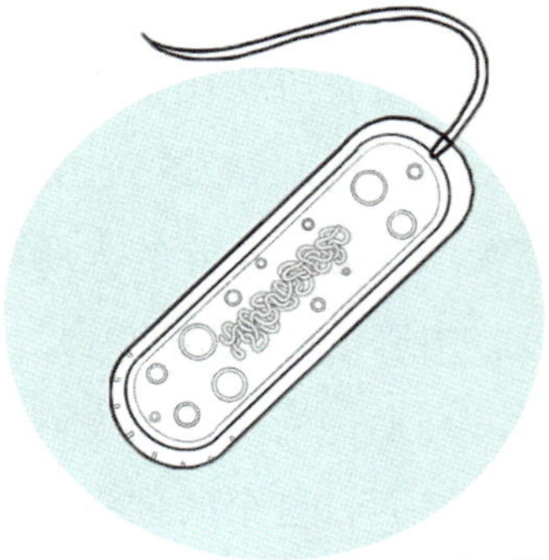

了解了大肠杆菌是从哪儿来的，下面就让我们来看看它究竟长什么样子吧！平时它是一个“看不见的敌人”，但当科学家们把它放大几万倍之后，我们就能看到，在显微镜下，大肠杆菌长得像一根短一点儿的木棍，身上长满了细细的绒毛，这些都是它属于杆菌这个大家族的重要特征。

它和大部分的细菌一样，身体由两部分组成——中心的遗传物质和包裹在外面保护的外壳——细胞壁。但与一般细菌的外壳不同，大肠杆菌的外壳十分特殊，它的最外面有一种叫作荚膜的东西，它就是大肠杆菌的“防弹衣”，能够帮助大肠杆菌穿过我们人体内的“枪林弹雨”，最终在肠道中定居下来。

这个家伙进入我们的肠道以后，就会利用里面的营养物质不断地繁殖，被感染的患者会开始出现肚子痛、腹泻的症状。等到时机成熟，它就会祭出它的“撒手锏”——溶血素，这种毒素可以随着血液流动扩散到全身。我们的血液中有一种帮助伤口愈合的东西叫作血小板，它可以在我们出血的伤口位置形成血栓、促进血凝。而这种可怕的溶血素会让我们的血小板数量急剧减少，伤口愈合能力迅速下降。当人们发现自己的症状和普通的吃坏肚子有所不同时，病情已经进入了下一个阶段——这种毒素开始攻击肾脏。当肾脏的每一个角落都被它攻陷的时候，噩梦就来了，无法

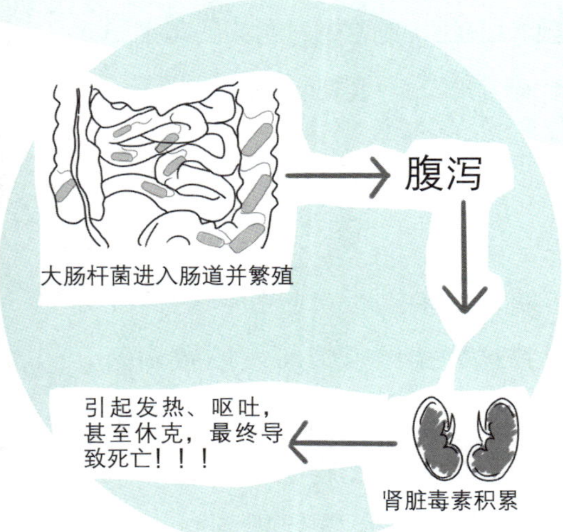
大肠杆菌进入肠道并繁殖
腹泻
肾脏毒素积累
引起发热、呕吐，
甚至休克，最终导
致死亡！！！

通过肾脏排出的毒素在体内不断积累，从而导致身体出现各种各样的问题，如发热、呕吐，甚至休克，最终导致死亡。

这种变异的大肠杆菌感染最让人头疼的就是在早期，患者表现出来的症状和吃坏肚子没有任何的区别，因此人们往往不怎么放在心上，当出现了发热、呕吐、便血等情况时，才会去医院找医生。然而，这个时候病情已经恶化了——从出现进一步的症状到死亡，最快只需要 5 天。所以，当大家发现自己或者家里人出现长时间拉肚子、不想吃东西的情况时一定要及时去看医生哦。

与大肠杆菌的抗击战

在畜牧业领域，人们对防治大肠杆菌感染疫苗的接种已开展了广泛研究。而在人类健康领域，预防人类肠产毒素型大肠埃希菌（ETEC）感染的疫苗正在研究中。在医疗实践中，抗生素治疗应在药物敏感试验的指导下进行；尿道插管和膀胱镜检查应严格无菌操作；对腹泻患者应进行隔离治疗。值得注意的是，污染的水和食品是 ETEC 重要的传染媒介，肠出血性大肠埃希菌（EHEC）则常通过污染的肉类和未彻底消毒的牛奶等途径传播，因此，充分的烹饪可降低感染的风险。

大肠杆菌逸事

在变异性大肠杆菌疫情暴发初期，尚未进行严格检测的情况下，便有相关官员宣称西班牙是导致这次德国疫情暴发的致病菌来源地。随后，法国、瑞士、意大利等国纷纷开始停止进口西班牙的农产品，这使得西班牙与其他国家的合作变得困难重重。大家都十分害怕西班牙将这种致命的细菌通过货物传播到自己国家，从而威胁到本国人民的生命健康，都不愿意与西班牙进行贸易，这直接导致西班牙累计损失了近 15 亿美元的收入。

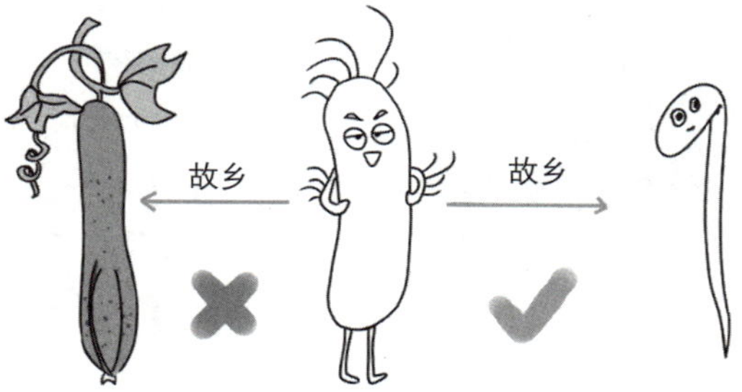

可是随后的检测发现，疫情的“元凶”——变异的大肠杆菌的“故乡”是德国本地，来自西班牙的小黄瓜并没有含致病的大肠杆菌，和这波疫情无关。这件事情引起了西班牙人的强烈谴责，此后多次在国际峰会上指责德国“不负责任”“靠臆想一派胡言”，尽管德国道歉并承诺作出赔偿，但这次误判让德国的国际形象大打折扣。

医生的话

如果有原因不明的肚子痛，一定要及时去医院检查哦！

抗生素不可以乱吃哦，一定要听医生的话！

说一句老生常谈的话，一定要注意饮食卫生哦！

参考文献

[1] 陈清，俞守义，申洪，等.产毒性大肠杆菌的致病机制[J].第一军医大学学报，2003，23（8）：826-829.

[2] 杜叔明.大肠杆菌致病机理与临床意义上的研究进展[J].国外医学：儿科学分册，1986，5：261-265.

[3] 殷泽禄，万虎.大肠杆菌的研究综述[J].甘肃畜牧兽医，2019，49（5）：33-35.

[4] NEIDHARDT F C，CURTISS R.Escherichia coli and Salmonella：Cellular and molecular biology[M].2nd ed.Washington, D.C.：ASM Press，1996.

[5] CROXEN M A，LAW R J，SCHOLZ R，et al.Recent advances in understanding enteric pathogenic Escherichia coli[J].Clin Microbiol Rev，2013，26（4）：822-880.

双歧杆菌

历史回顾

大名鼎鼎的“长寿菌”

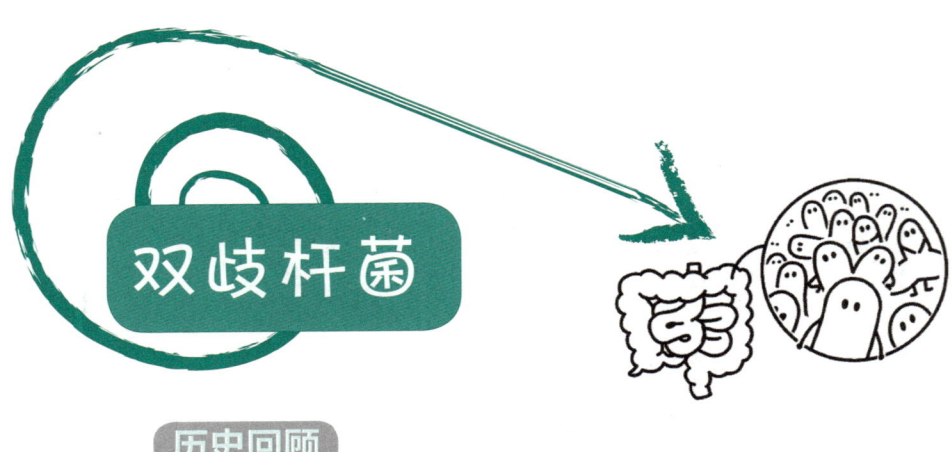

大家都喝过酸奶吧！酸奶口感顺滑细腻，酸酸甜甜，饭后来一盒或是作为小零食都是极为不错的选择。同时，在味蕾的享受之余，喝含活菌的酸奶还能在一定程度上改善胃肠道功能，促进营养的吸收与排便。这优点满满酸奶的生产离不开微生物的作用，常用的发酵菌除了大家耳熟能详的保加利亚乳酸杆菌和嗜热链球菌外，还有其他益生菌，如下文所要介绍的双歧杆菌。

1899 年，法国巴斯德研究所的蒂赛医生从母乳喂养的健康婴儿粪便中分离出双歧杆菌，并且发现这种呈分叉状的杆菌具有治疗胃肠道感染方面疾病的作用。这之后，人们又发现了其他亚型的双歧杆菌，而双歧杆菌也在医药、食品生产等方面应用越发广泛。

双歧杆菌最神奇的功效就是增进健康。在我国巴马瑶族自治县，当地最长寿的人活到了 142 岁，而且老年人们普遍看起来比实际年龄小 20 岁，看起来 80 岁左右的婆婆爷爷们竟然已经有 100 多岁了。他们体态轻盈，疾病少发，几乎都是安享晚年，平静地离开人间。研究发现，巴马瑶族自治县的老人们肠道内双歧杆菌数量是其他地区老人的 5 倍左右。于是科学家们推测，双歧杆菌对增进健康有着至关重要的作用。

百变的双歧杆菌

双歧杆菌，是一种革兰氏阳性、具有丰富形态的杆菌。它们有“Y”字形、“V”字形、弯曲状、棒状等。当然，正如它的名字，最经典的特征便是分叉，它的拉丁语名称 *bifidus*，便是裂开、分开的意思，形象地展示了它的属性。在显微镜下，大家可以清楚地看到它小小的身躯——整体为双叉状、一端或两端膨大呈棒状、空泡状、球状。当然，也存在没有分叉的双歧杆菌。研究发现，在不同人群体内的双歧杆菌形态存在明显差异，从成人体内分离出的菌株*，多数为棒状和杆状，而从小孩体内分离出的菌株，则多为双叉状的。

双歧杆菌借住在我们的消化系统中，它从不运动，生活也不需要氧气，最适合它生长的温度是 37 ～ 41 摄氏度，很接近人体体温。研究者发现，随着年龄的增长，双歧杆菌分布在胃肠道的数量逐渐减少。因此，母乳喂养的婴儿胃肠道内有最多的双歧杆菌。

革兰氏染色法

1884 年，丹麦医生汉斯·克里斯蒂安·革兰发明了用于细菌鉴别的染色方法，可用于细菌的形态观察和分类，称为革兰氏染色法。根据染色反应的基本

*菌株：从自然界中分离得到的每一个微生物，进行纯培养后都可称一个菌株。同种菌株彼此间有相似性，而与其他菌有明显的不同，能够彼此杂交，产生具有生育能力的后代。

特征，细菌可以主要分为两大类：革兰氏阳性菌（G^{+}）和革兰氏阴性菌（G^{-}）。

爱上双歧杆菌的千百个理由

那问题就来了，双歧杆菌对人体都有哪些好处呢？

首先大家要知道，我们人体会产生一些特殊的蛋白质，又叫作酶，就是在这些酶的帮助下，人类才能够消化吸收摄入的糖分。人不是万能的，不能够消化吸收所有的糖类，而双歧杆菌可以产生半乳糖苷酶、葡萄糖苷酶及人体不能消化的寡糖的酶类，从而帮助它的主人吸收营养。

由于人类的消化系统是直接跟外界相通的，所以就会有一些致病的病原菌（像大肠杆菌、伤寒杆菌等）进入我们的肠道内。双歧杆菌则可以帮助维持肠道菌群平衡，保护宿主免受病原菌的侵害。那它是怎么做到的呢？科学家们经过研究，得出以下观点：第一，所有的双歧杆菌都可以产生乳酸等有机酸，从而能降低肠道内的 pH 值，当环境中的酸碱度不合适时，病原菌就无法生长；第二，这些细菌是黏附在人类肠道内的上皮细胞上的，但是肠道的面积毕竟有限呀，这些细菌谁能黏附在肠道内壁上，谁

辅助吸收糖类物质

才有机会生活在这里。于是双歧杆菌就大显神通，与病原菌展开了激烈的“抢座位大战”，让病原菌在肠道内无栖息之地。从而保护大家的健康。

抑制病原菌生长

大肠杆菌：大肠杆菌是机会致病菌，在一定条件下可以引起人和多种动物发生胃肠道或尿道等多种局部组织器官感染。

伤寒杆菌：是造成伤寒的病原体，是肠道沙门菌的一个血清型。其传染途径为粪口途径，传染力很强。人感染后主要症状为高热，可达40摄氏度；其他症状有腹痛、严重腹泻、头痛、身体出现玫瑰色斑等，常称“伤寒热”；肠道出血或穿孔是其严重的并发症。

宿主：宿主是能给病原体提供营养和场所的生物，包括人和动物。宿主不只是被动地接受病原体的伤害，还会主动抵制、中和外来侵袭，如果宿主的抵抗力较强，病原体就难以侵入或侵入后迅速被排除或消灭。

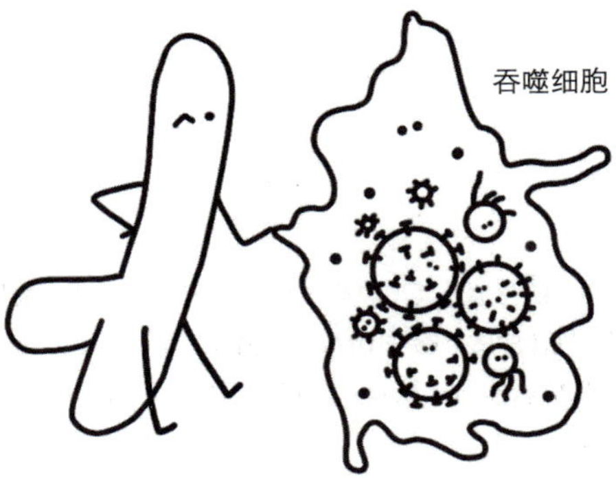

与其他细胞合作，增强免疫力

此外，双歧杆菌还能调节人体的免疫力。它与吞噬细胞等展开有效合作，能更好地保障肠道和人体健康。有科学研究表明，双歧杆菌还有调节便秘、降低胆固醇浓度、抗肿瘤等功能，可见双歧杆菌在大家身体里帮了不少的忙，也难怪它被广泛应用于许多食品和药品中。

医生的话

不是所有酸奶都含有双歧杆菌，记得看清包装上的活菌数量并注意食品保存条件哦！

虽然双歧杆菌可以调节便秘，但不是百试百灵的“神药”，便秘严重时需要及时去医院就诊。

市面上宣称可以补充“益生菌”的产品鱼龙混杂，请勿盲目相信，健康人并不需要特意补充活菌。

参考文献

[1] 李青青.耐氧性双歧杆菌的筛选及其生理特性与应用研究[D].杭州：浙江大学，2010.

[2] 陈路清.降胆固醇双歧杆菌的体外筛选[D].杭州：浙江大学，2010.

[3] 张旻.基于菌株水平研究宿主与环境对双歧杆菌肠道定植的影响[D].上海：上海交通大学，2017.

结核分枝杆菌

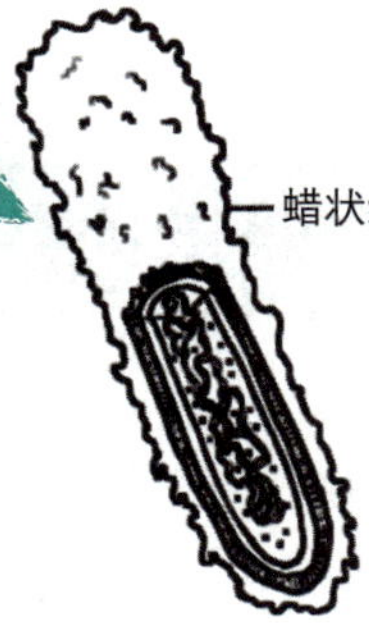

历史回顾

肺结核的前世今生

肺结核是最常见的，也是历史较悠久的结核病。人类历史上肺结核的出现，可以追溯到公元前 8 000 年，历史上也出现过许多次肺结核的大流行。同时，在人类抗击肺结核的战线上，也常出现令人摸不着头脑的“哑炮”：中世纪的欧洲，人们相信国王触摸肺结核患者就可以治愈肺结核；而在 20 世纪，希腊人认为朝圣就可以治愈肺结核……到今天，人类已对肺结核有了清楚的认识，有了成套的“武器”与技术来抵御结核分枝杆菌的进攻，比如卡介苗、肺结核特效药等。如今，每年的 3 月 24 日是“世界防治结核病日”。随着大家越来越重视这种疾病，人类终有一天能够完全打败它。

最常见的结核病——肺结核

有一种传染病，全球共有约 20 亿人感染，将近全球总人口的 1/3，每年更是约有 1 000 万人发病。感染者们一开始没有症状，或是只有轻微的症状，比如晚上睡觉时常常出虚汗，睡醒却又不再流汗，并且浑身乏力。因此，常有人误以为这只是小感冒而忽视它；可到后来，患者们开始咯血、胸闷、胸痛、面容消瘦，甚至像溺水了一样呼吸困难。

目前，几乎每年都有 150 万左右的患者没能承受住这种病魔的侵袭，在痛苦中死去。这种传染病就是一个实实在在的恶魔，发病缓慢，痛苦却是无穷无尽。这种夺去无数生命的病魔便是人类至今未能完全消灭的噩梦：肺结核。

肺结核是由一种细菌——结核分枝杆菌侵袭人体肺部而引起的疾病，它往往通过呼吸道侵袭人体。不过，结核分枝杆菌其实能够侵袭人体的各种器官，所引起的疾病称为结核病，但因为它最容易感染肺部，所以肺结核是最常见的一种结核病。我们常在古文、古装影视剧中见到的“痨病”正是肺结核。

结核分枝杆菌介绍

结核分枝杆菌很小，用眼睛根本看不到。它长得又细又长，稍微有点弯曲，呈现出分枝状。它和我们人类一样，生活离不开氧气。不过需要注意的是，它外面有一层蜡状的壁（称为细胞壁），可以抵抗对细菌有伤害的物质，从而使得它有着非常顽强的生命力。

结核分枝杆菌侵袭人体的过程

当我们在打喷嚏、咳嗽，甚至大声说话的时候，很多看不见的小液滴就会从我们的口鼻喷射出来，称作飞沫。肺结核患者的飞沫中就有致病的结核分枝杆菌。如果此时正好有人在附近，这些带有结核分枝杆菌的飞沫就很容易被吸入体内，从而造成感染。这个过程叫作飞沫传播，这是结核分枝杆菌的主要传播方式。携带病原体的飞沫通过呼吸道，进入我们的肺泡，然后感染就开始了。

在感染的初期，感染者就像健康人一样，并没有明显症状。大约 3 周，保卫我们身体健康的“军队”——免疫系统就开始对入侵我们身体的结核分枝杆菌发动进攻，而其中的先锋就是吞噬细胞。吞噬细胞，顾名思义，可以吞掉很多细菌，有些细菌直接就被消化掉了，当然也有一些没有被消化的结核分枝杆菌，它们就会被吞噬

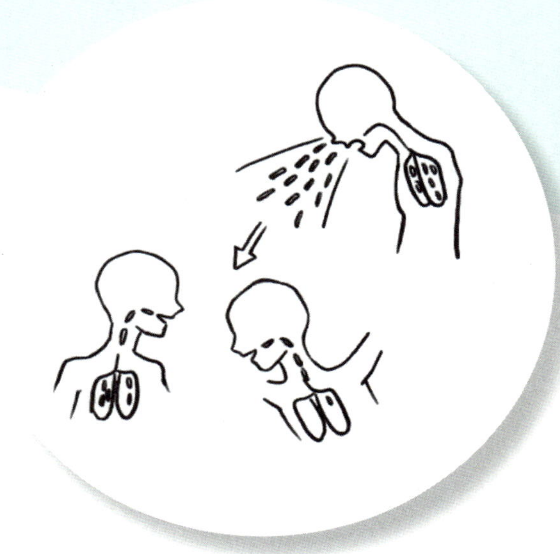

细胞“押送”到一处名为淋巴结的地方关押起来。这个时候感染者并没有生病，但是他的身体里确实有结核分枝杆菌存在，我们就把这个阶段的肺结核称为潜伏性肺结核。全球约有 20 亿的结核分枝杆菌感染者，但是真正发病的只有 1 000 万人左右，这也说明感染了结核分枝杆菌不一定会发病。

当人的年纪大了，或是在感染了人类免疫缺陷病毒（HIV）、怀孕，甚至患有癌症等的情况下，人体免疫系统的战斗力就会减弱，这就给了结核分枝杆菌可乘之机——它越狱了！经历了几个月，甚至几年的关押，它逃了出来，随着我们体内的血液和淋巴液流动，通过遍布在我们身体里的管道——血管和淋巴管，散布到身体各处“兴风作浪”。

这下就麻烦了！如果结核分枝杆菌从肺部到达骨骼，就会影响人们的正常行动；如果它到达肠道，就会导致人们腹痛；如果它到达肝脏，就会引发肝炎；如果它到达脑部，就会让人们头痛，甚至引发意识障碍等。我们把这个阶段的肺结核称为活动性肺结核。

肺结核发病以后，患者往往会出现呼吸困难、咳嗽不断、咳痰、咯血，也会出现食欲下降、面色苍白、疲倦、发热、身材消瘦等表现，如同幽灵一般，所以肺结核又被称为“白色瘟疫”。

怎样治疗和预防肺结核呢？

一般医生会使用专门的抗结核药来治疗肺结核。如果药物治疗没有用，或是出现了危及生命的局部性疾病，就可以采取手术治疗。一般治疗过程会持续 6 ～ 8 个月。但是药物治疗并不是完美的，服用药物会产生很多副作用，更严重的是，它可能会使结核分枝杆菌产生耐药性，让我们越来越难以杀死这种可怕的细菌。

人们对结核分枝杆菌避之不及，希望能够早早地预防肺结核。目前，卡介苗是唯一被批准用于预防肺结核的疫苗，所以每位爸爸妈妈都要及时带刚出生的宝宝去接种卡介苗。当然，保持良好的卫生习惯也是必不可少的。

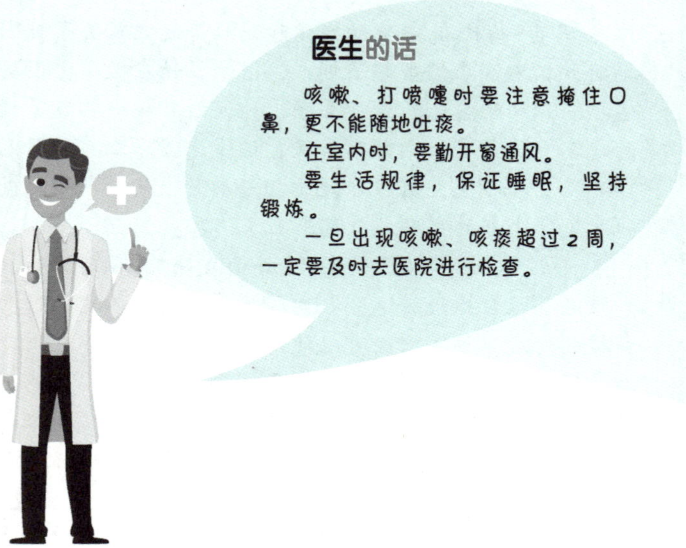
医生的话
咳嗽、打喷嚏时要注意掩住口鼻，更不能随地吐痰。
在室内时，要勤开窗通风。
要生活规律，保证睡眠，坚持锻炼。
一旦出现咳嗽、咳痰超过 2 周，一定要及时去医院进行检查。

参考文献

[1] 陈大川，王在义．肺结核诊断的研究进展[J]．临床肺科杂志，2016，21（1）：145-148.
[2] 吴守芝，宋俊峰．结核分支杆菌致病机制与免疫[J]．中华结核和呼吸杂志，2003，26（2）：101-103.
[3] 徐飚，修燕．结核病与性别[J]．中华结核和呼吸杂志，2002，25（10）：618-620.

沙门菌

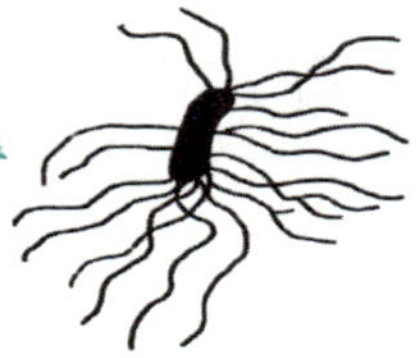

历史回顾

人类中间出了一个“叛徒”？——“伤寒玛丽”的故事

国内外在讨论伤寒这个话题时，总有一个绕不开的人——“伤寒玛丽”。

玛丽·梅伦在15岁的时候和妈妈一起搬家去了美国，迫于生计，玛丽开始为富豪们当起了佣人，很快，她在做菜方面的惊人天赋被发掘，开始了自己的厨师生涯。她还经常被一些富豪请去准备家中的晚宴，但是富豪们却不知道，这带来了多么可怕的后果。1900—1906年，玛丽先后在7个地方担任厨师，而她所到之处，可谓是无一幸免，全部的家庭成员都患上了伤寒。

小朋友如果感染了伤寒，会一直发高热，同时还会拉肚子、头痛，严重的甚至会出现肠道穿孔等症状，但是也不用太过担心，伴随着科技的发展，伤寒已经可以使用抗生素治愈，而在当时，伤寒却是致命的！当玛丽看着自己的雇主一个一个患病，她感到害怕，赶紧逃离这些被感染的人，却从来没有怀疑过自己才是真正的传染源……

1906年夏天，纽约银行家华伦带着全家外出度假，因为厨艺出众，玛丽又被雇为厨师。8月底，华伦的一个女儿最先感染了伤寒，接着华伦夫人、2个女佣、园丁和另一个女儿相继感染。短短一个暑假时间，全家就有6个人感染！作为银行家的华伦很疑惑：自己家明明有良好的生活习惯，饭前便后都会洗手，也没和外人有过多接触，为什么这么多家庭成员会得上这种疾病？带着这种疑惑，他请来了流行病学专家索柏，经过一番排查，索柏最终将目标锁定在了这个刚来不久的厨师身上。

他详细调查了玛丽此前7年的工作经历，发现7年中玛丽更换过7个工作地点，而每个工作地点都曾暴发过伤寒。于是，索柏想得到玛丽的血液、粪便样本，以验证自己的推断，但这却没有想象中的容易……玛丽看起来健康壮实、面色红润，根本不像个患者，而且玛丽认为怀疑她是伤寒传染源是对她的侮辱，所以坚决不配合索柏，并且提出了辞职的请求。

最后，经华伦的举报，当地的卫生官员带着一辆救护车和5名警察找上门才终于把玛丽送到医院。经过医院化验，玛丽的粪便中确实存在大量的伤寒杆菌，而她也成了美国发现的第一位“无症状伤寒杆菌携带者”。

1909年6月，《纽约美国人报》刊出一篇有关玛丽的长篇报道，文字十分煽情，唤起了大家对玛丽的同情，卫生部门也被指控“侵犯人权”。最终鉴于玛丽不停地上诉和舆论的压力，卫生部门给了玛丽2个选择：终身隔离或者不再做厨师，玛丽选择了后者。在被关了3年后，玛丽以“不再从事厨师职业，并且和卫生部门保持密切联系”为条件，换取了自己的自由。

但是玛丽被释放后不久，又开始干起了老本行。除了厨师，她根本找不到别的途径谋生，所以大家推测玛丽改了名字重操旧业，继续“打一枪换一个地方”，哪里暴发伤寒她就赶紧辞职离开……

1915年，纽约市斯隆妇女医院暴发了大规模伤寒疫情，25名护士、患者同时得了伤寒，索柏再一次被聘请查找这次伤寒的原因，而他很快就看到了老熟人——改名为“布朗夫人”的厨师玛丽。同年3月，玛丽再一次被送到北兄弟岛传染病院隔离。这一次，玛丽再也得不到大家的同情了。

“伤寒玛丽”事件就此结束，它不仅是传染病史上里程碑式的事件，同时也开启了后续人们关于“公共卫生安全和个人人身自由”的探讨，并持续至今。

伤寒的背后元凶

伤寒杆菌在人体内无恶不作，即使离开了人体，它依然十分顽强，在水、食物、污物中也可以存活2～3周。在感染

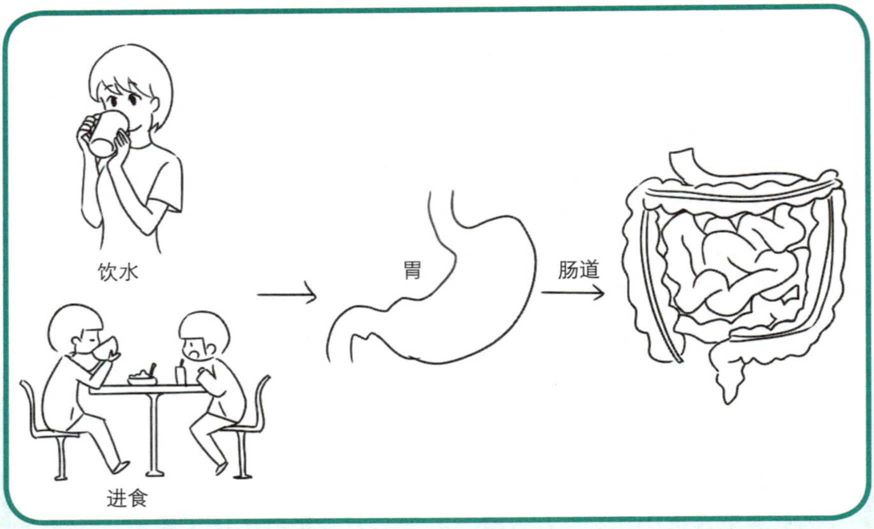

了伤寒杆菌的患者肠道内，伤寒杆菌能大量地繁殖，因此伤寒患者最主要的排菌方式就是通过粪便排菌。一旦这些带有细菌的粪便接触到水源和食物，就有可能让更多的人感染上伤寒杆菌。就像电视剧中通过在水里投毒的办法来对付敌军一样，伤寒杆菌通过水源和食物偷偷进入人们的口中，一路向下沿着消化道从胃侵入肠道，这时人们便会开始腹痛、腹泻，发起高热。不仅如此，细菌还可能通

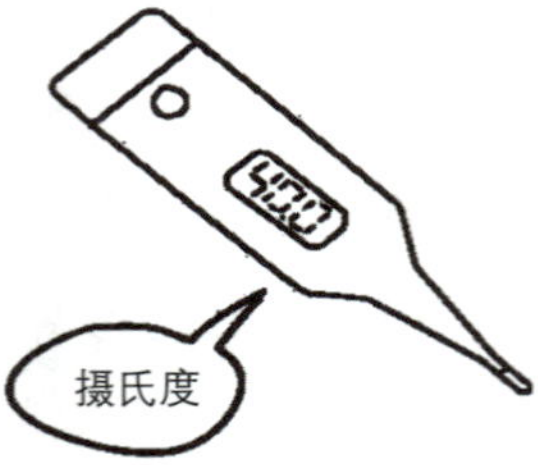

发热

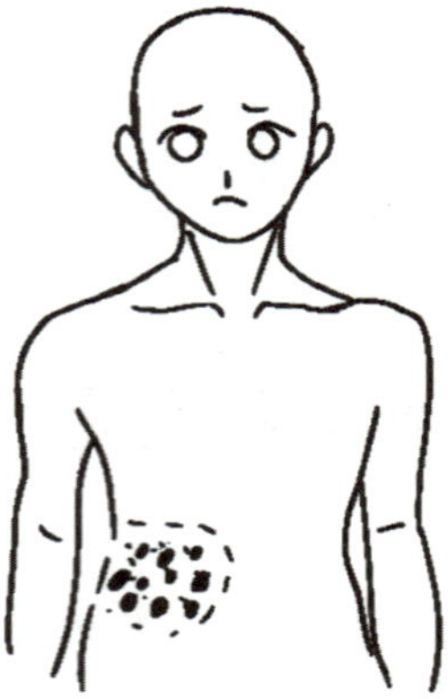
皮疹

过血液游走全身，导致患者出现玫瑰样的皮疹、神志不清等症状，最严重的还有可能因为肠穿孔、出血而死亡。

俗话说：“不干不净，吃了没病。”即使我们吃的食物有时候带有细菌，我们身体自带的“防线”也能将它们击溃，但为什么到了伤寒杆菌这儿却不起作用了呢？伤寒杆菌又是怎样一步一步攻破人体防线的？这就和伤寒杆菌的入侵机制有关了。

当伤寒杆菌从人们口中进入胃里时，如果数量过多，无法被胃酸杀死，它们就会从胃进入肠道里。这时候，游走在肠道里的“卫兵”——吞噬细胞就会试图将这些细菌吞噬杀灭，但伤寒杆菌们不仅不害怕，还利用自己的菌毛，也就是身上的小触角黏附在吞噬细胞上，进入吞噬细胞内部。这就是伤寒杆菌的狡猾之处了，它能够抵抗吞噬细胞内部消化溶解异物的酶的影响，不仅如此，它还能利用吞噬细胞内的物质进行繁殖，像一个小小吸血鬼一样，在利用完吞噬细胞之后，再裂解释放出毒素将吞噬细胞杀死，也就破坏了我们人体对付伤寒杆菌最基础的一道防线——巡逻的“卫兵”——吞噬细胞。

吞噬细胞被破坏了，这时人体就会拉动警报，启动应急保护系统，也就是让免疫系统出动“精锐部队”来专门打击这些伤寒杆菌。这些精锐部队也就是我们的 B 细胞和 T 细胞。B 细胞能够针对细菌研制特殊的“弹药”——抗体来对付伤寒杆菌，当 B 细胞发射抗体时，抗体能与伤寒杆菌结合让伤寒杆菌失去行动能力，只能乖乖等着白细胞来消灭。而 T 细胞则是一群训练有素的杀手，能够与伤寒杆菌近身搏斗，杀灭伤寒杆菌。当我们的免疫系统和伤寒杆菌大军打得如火如荼的时候，我们的身体可就遭殃了，为了最大限度地刺激这些“士兵”投身战斗，我们会升高体温，把精力都腾给它们，因此经们会感到乏力、肌肉酸痛。在免疫系统和伤寒杆菌大军展开漫长的拉锯战的过程中，伤寒杆菌也随血液循环在全身游走，引起更多地方的炎症、感染，我们的身体一时疲于应付，这时就需要药物的介入来帮助我们杀灭病菌。好在自从抗生素被研制出来后，伤寒杆菌也只能束手就擒啦，因此在较为发达的国家和地区，伤寒杆菌已经基本不再流行了。

1885 年，一位姓沙门的科学家发现了更多和伤寒杆菌有着亲缘关系的细菌，例如猪霍乱沙门菌、鼠伤寒沙门菌、肠炎沙门菌等，它们与伤寒杆菌就像同一族的兄弟姐妹——都喜欢赖在人体肠道内不走，都能释放出毒素引起免疫系统的反应导致发热，于是人们以这位科学家的名字给它们这个大家族取了个名字——沙门菌。不过与最著名的伤寒杆菌不同的是，其他细菌释放的毒素能够促进肠道的蠕动，大量的水分无法被肠道吸收，人们就会上吐下泻、腹痛不止，出现急性胃肠炎。由于这些沙门菌较为广泛地分布在一些水源和食物中，如果食材和饮用水不经过严格的清洗，高温烹煮，让致病菌进入人体内就有可能导致食物中毒，虽然症状并不会很严重，但上吐下泻也确实不太好受，因此一定要注意饮食卫生安全，吃的东西要煮熟，尽量不吃生的、不干净的

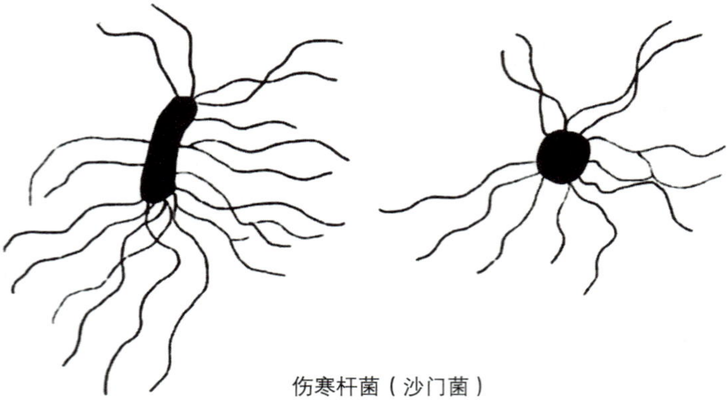

伤寒杆菌（沙门菌）

食物，饭前便后认真洗手，这样沙门菌才不会有机会进入我们的体内。

沙门菌主要寄生在人体的肠道内，会引起人肠道乃至全身的疾病，属于肠杆菌的一种。人们认识它的过程是曲折而又漫长的，现在伤寒已经不再是令人害怕的大瘟疫了，但沙门菌仍埋伏在我们周围。“病从口入”，只有保证了饮食安全，才能保证身体健健康康，远离致病菌危害。

医生的话
一定要注意饮食卫生，吃的东西要煮熟，尽量不吃生的、不干净的食物。
饭前便后认真洗手。
这样，沙门菌进入我们体内的概率将大大降低。

参考文献

[1] 孙可.“伤寒玛丽”的故事[J].健康，2007，1：46–47.
[2] 鲍文蕾.mTORC1在鞭毛蛋白诱导炎性细胞因子表达中的调控作用与机制[D]. 呼和浩特：内蒙古大学，2015.
[3] 王骏，王昵双.何为“病人”：“伤寒玛丽”事件与“健康带菌者”概念的形塑[J]. 中国科技史杂志，2020，41（3）：416–424.
[4] 看客. “伤寒玛丽”的故事[J].视野，2020，7：19–22.

痢疾杆菌

历史回顾

困扰我们数千年的难题

这回我们故事的主角——痢疾，有点特殊，它呀，是一种与人类长久相伴而生的传染病，有关它的故事最早可以追溯到几千年前。也许，在了解了它之后，你会发现人类与传染病的关系比我们想象中的更加复杂……

在两千多年前的《黄帝内经》（简称《内经》）——我国现存最早的医学典籍中，我们第一次看到了它的身影。《内经》中这样描述，“民病注泄赤白，少腹痛，溺赤，甚则血便”，也就是说老百姓在感染这种疾病后会腹泻、腹痛，甚至会拉血便，因此也将这种疾病称为赤沃、肠游。

但古人远比我们想象的更智慧，张仲景，也是我们的“医圣”，他在代表性著作《伤寒杂病论》中对“下利”，也就是痢疾做了详细的阐述和分类，还针对不同的病症开出了药方——白头翁汤、葛根芩连汤、桃花汤、黄芩汤等，别看这些方子年代久远，但它们到现在都仍在使用。

传说唐太宗李世民就曾苦于痢疾而问遍了宫廷太医却无果，最后有一位江湖郎中提出了一个方子医好了唐太宗的痢疾，唐太宗立马下令授予了他三品官位。可见在这痢疾面前，连皇帝都是苦不堪言。

痢疾可不止是拉肚子。在古代，对于很多穷人家来说，痢疾有可能是绝症。因为他们长期忍饥挨饿，营养不良，免疫力低下。在不小心吃了脏东西，感染了痢疾杆菌后，痢疾杆菌会在他们的肠道内不断地繁殖出新的后代，还能释放出毒素使肠道剧烈蠕动从而无法正常吸收水分，导致剧烈的腹痛、腹泻，水分快速丢失就有可能造成脱水、器官衰竭等严重的情况，同时持续不断的高热也会对人的身体造成严重的损伤，甚至导致死亡。

不难想象，在古代，痢疾的大范围流行有时甚至会造成国家命运的改变。史书上曾经记载，在南宋绍兴二年（1132），“春，涪州疫，死数千人，会稽时行痢疾”，可以想象，如此大范围的瘟疫对当时本就衰微的南宋王朝是多重的负担。

因此，我们知道了痢疾的流行很大程度上是源于生活条件和医疗条件的落后。在国外也是一样的情况，每一次痢疾的大规模暴发，都会带来一场腥风血雨。而这一切，在抗生素被发明后才发生了改变。到了现代，痢疾除了在卫生条件较为落后的地区仍会流行之外，在发达地区已经很少见了。

但这并不意味着痢疾已经从我们身边消失了，对于一些免疫力较弱的小孩子而言，痢疾仍然有可能是非常严重的疾病。在保证饮食卫生的同时加强对痢疾的了解，对于防治痢疾依然是重要且关键的手段。

认识痢疾杆菌

1898 年日本科学家志贺洁首次在痢疾患者的体内分离出了痢疾杆菌。志贺洁在研究了上百份痢疾患者的粪便后发现，就是这个调皮捣蛋的家伙常驻于人体的肠道中，在里面四处乱跑，才造成了人们一次又一次地患病。

可不要小看了痢疾杆菌，它在感染者的肠道内能大量繁殖，因此痢疾最主要的传播方式就是通过粪便传播。一旦这些带有细菌的粪便接触到水源和食物，就有可能让更多的人感染上痢疾。

尤其可怕的是，痢疾本身就会让人拉肚子，一天排便多次，这就大大增加了传播的机会。它就像战争片中指挥士兵在水里投毒的将领一样，让自己的子子孙孙通过水源和食物偷偷进入人们的口中，再向下沿着消化道从胃入侵肠道，这时人们便会开始呕吐、腹泻，有的会出现高热。一直到这一步，患者的表现还和急性胃肠炎没有什么特别大的区别。

可情况远远不是这么简单，再过 3 ～ 6 天，部分患者就会出现急性胃肠出血，排便次数增加，可以达到一天十多次，甚至失禁。对于部分免疫力弱的患者，痢疾杆菌还可能通过血液流动游走至全身，发起“斩首行动”，对大脑开始攻击，让人神志不清，甚至昏迷，最严重的还可能导致死亡。

大家都知道我们的身体里有一道强大的防线——免疫系统。即使我们吃的食物有时候带有细菌，我们身体自带的防线也能将它击溃，但为什么到了痢疾杆菌这儿却不起作用了呢？

这就和痢疾杆菌的入侵机制有关了。程咬金有三板斧，痢疾杆菌也有属于它的“两把刷子”——侵袭力和内毒素。

痢疾杆菌的侵袭力极强，它能凭借着自身携带的挂钩——菌毛，黏附在我们的小肠上皮细胞的表面，继而再通过另一把武器——侵袭蛋白来打破上皮细胞的防御进入到细胞内。所谓“天下武功，唯快不破”，痢疾杆菌就是这样一个“闪电侠”，它总是可以赶在免疫系统启动之前，快速侵入我们的细胞。

紧接着，它就会开始下毒，这种内毒素能让我们的肠道发炎，

采取“调虎离山”之计让我们的免疫系统为清除炎症细胞疲于奔命，没办法顾及它本身。内毒素还可以影响我们的神经系统，让我们的肠道不自主地收缩，这也就导致了我们常说的腹泻。通过这种手段，它也可以将已经繁殖出的后代大量排出体外，从而迅速感染其他人。

好在自从痢疾杆菌被发现之后，大家开始注意餐饮卫生问题，“饭前便后要洗手”也开始被大家提倡。因此在较为发达的国家和地区，痢疾已经基本不再流行了。偶尔出现感染个例也能很快被新发明的抗生素所治愈。虽然感染症状不会特别严重，但上吐下泻也确实不太好受，因此大家一定要注意食品安全，吃的东西一定要确保完全煮熟，少吃生的、不干净的食物，饭前便后认真洗手，这样痢疾杆菌才不会有机会进入我们的体内。我们要牢记“病从口入”，只有保证了食品的安全，才能远离致病菌危害。

现在痢疾在中国已经不再是令人害怕的瘟疫了，但在非洲、南亚等医疗卫生水平较差的地区，仍然会间歇性地暴发大规模的痢疾等流行病。所以，现在我们远离痢疾和其他许多传染病，最根本的原因并不是各种新式药物的发明，而是我们的祖国真正强大起来了。只有祖国不断强大，我们的生活才会一天又一天地变得更加美好。

趣 闻

虽然抗生素依然是治疗痢疾的主要手段，但科学家们也发现，随着大量抗生素的使用，痢疾杆菌也进化出了耐药的菌种，让原本抗生素的效果减弱甚至失效了。同时，科学家们也发现，传统的中药成分依然对痢疾有着很好的治疗效果，例如黄连素，黄芩、丹参等，这些凝聚着先辈们智慧的结晶在现代依旧具有旺盛的生命力，给后人留下了无尽的探索空间。

除了用传统的药物来治疗痢疾之外，在偶然的尝试与实验中，科学家们还发现了一种特别的“药物”——噬菌体。

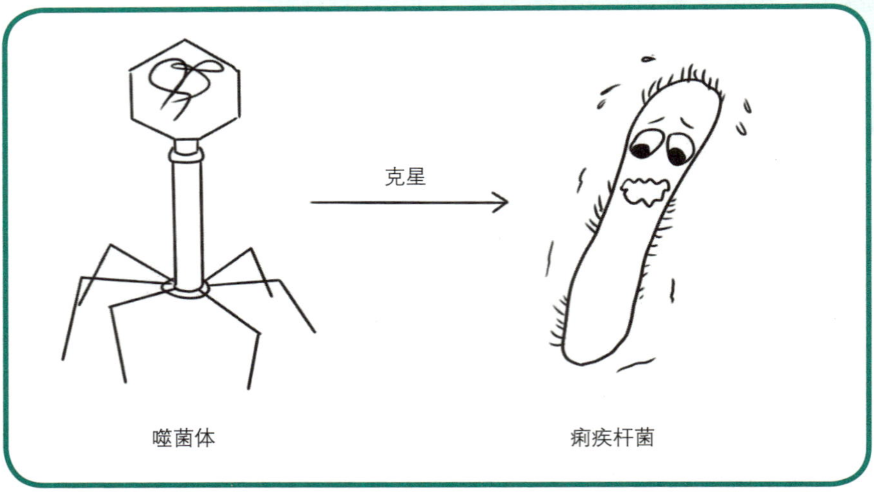

噬菌体是一种只侵袭细菌的病毒，用病毒来治病听起来似乎很不靠谱，不过真的有人做了这样的尝试——1917 年，德雷勒医生在部队照顾那些因痢疾而垂死挣扎的法国士兵。导致痢疾的罪魁祸首痢疾杆菌主要在人体肠道内繁殖，因此为了对付痢疾杆菌，德雷勒医生仔细检查了生病士兵的粪便。

他使用了极细的滤网来过滤粪便，所有的细菌包括痢疾杆菌都无法通过滤网，这样德雷勒医生就得到了一些不含细菌的液体。他将这些液体与新鲜的痢疾杆菌混合之后在培养皿上进行培养，过了不久，他就惊讶地发现：菌落上某些痢疾杆菌被杀灭了，出现了透明的小斑点。经过进一步的研究，他发现这是一种特殊的病毒的功劳。

这种病毒就是噬菌体，它只会侵袭细菌，对人体并不感兴趣，因此对人体不会造成伤害。它能够用自己的触角牢牢吸附在细菌上，然后进入细菌体内，将细菌体内的所有物质都搜刮为己用，最终细菌只能瓦解崩溃。

德雷勒医生将噬菌体注入自己体内确定它对人体是无害的，接着他做了大胆的尝试——用噬菌体给士兵们治病，最终士兵们奇迹般地全部康复了。

从德雷勒医生的故事我们可以看到科学家旺盛的想象力和勇敢的实践精神，这些都是值得我们学习的。

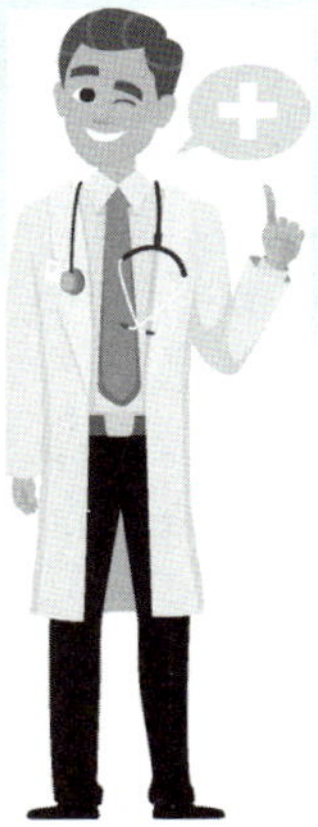

医生的话

牢记病从口入！小朋友们一定要注意食品安全，吃的东西一定要确保完全煮熟，尽量不吃生的、不干净的食物。

饭前便后要洗手。

参考文献

[1] 颜士州.你不知道的噬菌体[J].科学24小时，2018，4：26-27.

[2] 云无心.你我都在菌中间[J].农产品市场周刊，2011，44：32-33.

[3] 李楠，逄春华，曲志娜，等. 青岛地区肉鸡生产链中沙门菌的分离及血清学鉴定[J]. 中国兽医杂志，2016，52（6）：36-38.

金黄色葡萄球菌

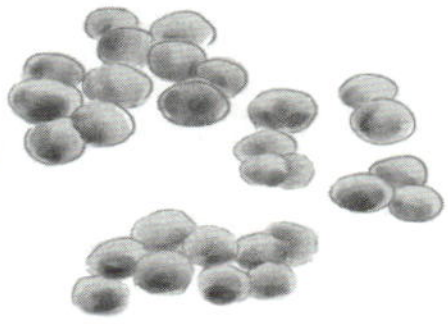

历史回顾

牛奶中的玄机
——金黄色葡萄球菌引发的灾难

大家有没有留心观察过超市里卖的牛奶？它们往往品类繁多——有高钙奶，有脱脂奶，口味也是多种多样——有水果味的，有巧克力味的；有甜的，有不甜的；有浓的，有淡的……能满足人们的不同口味。但你知道吗？在我们隔海相望的日本，能够打上“生牛乳”这个标签的只有不加任何添加剂、100%的原奶。而那些经过了加工的牛奶只能称作加工乳。

你肯定会不解，那些经过了加工的奶制品里还不是含有牛奶，为什么就不能打上“生牛乳”的标签了呢？这可就说来话长了，其实啊，在20多年前，日本政府也并没有这么小心谨慎，不过，2000年一场由某种细菌引起的灾难彻底改变了这一切……

让我们从头讲起这件事——从19世纪末开始，为了增强国力、提升国民整体素质，日本开始重视小学生的身体发育，制定了“每天一瓶奶”的政策，向小学生每天免费提供一瓶牛奶。我们常说，小孩子是冉冉升起的朝阳，是国家未来的希望，他们的健康往往牵动着很多人的心。因此，日本政府很重视分发的牛奶的卫生安全，便将这一重大的任务委派给了当时日本最大最知名的奶制品公司，但该公司并未承担起此等重任。2000年，大阪市的一些小

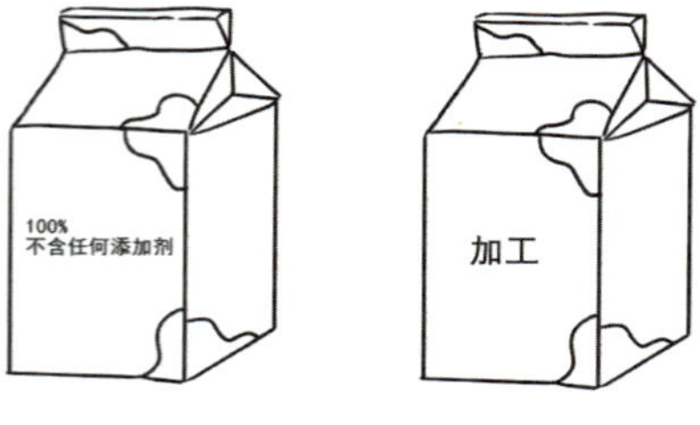

生牛乳　　加工乳

朋友们因为喝过该公司的低脂牛奶，开始上吐下泻。刚开始大家以为只是个例，但渐渐出现食物中毒症状的人越来越多，难受的小朋友们和担心不已的家长们挤满了医院。但事态并没有就此停止恶化，不只是大阪市，和歌山县、兵库县的医院里也接收了许多的相同病例，而且大多是小孩子。

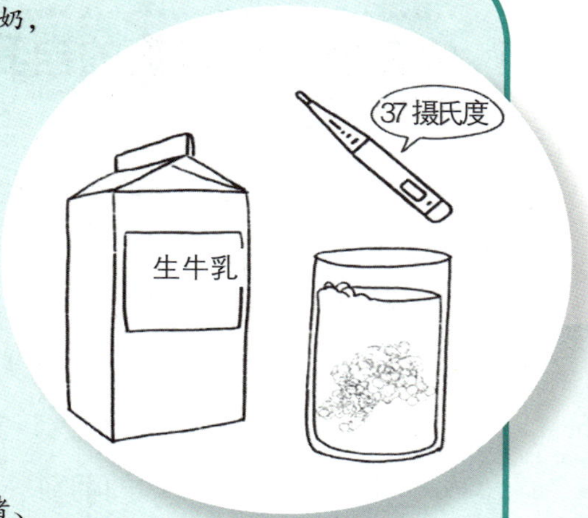

就在各地的医院医生都忙得脚不沾地的时候，家长愤怒的情绪、媒体上的呼声也异常高涨，因为他们发现，提供牛奶的公司就是这次食物中毒事件的罪魁祸首。原来，前不久，该公司的原料处理工厂发生了停电事故，而工人们只顾着抢修机器，完全忽视了牛奶一直在 20 摄氏度以上的环境中保温。当时气温大约是 37 摄氏度，很接近我们人体的体温，同时却也是最适合金黄色葡萄球菌生长繁殖的温度！

在 20 摄氏度以上的环境中保温了 4 个多小时的牛奶中，原本很少的金黄色葡萄球菌迅速分裂繁殖，最终达到数以万计。而这些工人们却仍然将这些牛奶包装出厂，送到了抵抗力本来就相对较弱的消费者手上，最终酿成了一场灾难——总计 14 780 人食物中毒，且其中绝大部分是儿童。

这一场灾难让事业原本该如日中天的奶制品公司彻底失去了公众的信任，虽然该公司向公众道了歉，但每个家庭承受的痛苦是无法消除的，因此，在这之后，该公司也一天不如一天，最终解体进行重组改制。

这一场灾难同时也向日本政府敲响了警钟，这才有了开篇提到的超严格的牛奶命名标准，为了重获公众的信任，也为了儿童的健康，强有力的政策既表明了日本政府坚决改正过去错误的决心，也是在对国家的未来负责！

这一场灾难是人祸，是我们轻视细菌这个无处不在的坏蛋所造成的人祸，而且由金黄色葡萄球菌——这个看似弱小的细菌所酿成的灾难也并不鲜见。通过这次事件，人们也认识了金黄色葡萄球菌——这个潜伏在我们身边的隐形“杀手”。

金黄色葡萄球菌的自我介绍

大家好，我的名字叫作金黄色葡萄球菌，有人也叫我金葡菌。之所以叫我“球菌”，是因为我长得圆滚滚的，像个皮球一样，同时一身金色的外衣也是抓人眼球的特点。我喜欢和大家一起活动，如果大家以后能拿到显微镜观察我，就会看到我和家人们聚集成一团，像一颗又一颗的葡萄一样。

和其他忍耐力强的细菌相比，我的体质并不是特别好：我对温度特别敏感，根本忍受不了过高的温度。只要我周围的环境超过 46 摄氏度，我就会有些受不住了；如果到了 55 摄氏度，我们中的 99% 的个体撑不过 3 分钟；如果你把我们暴露在平时煮饭做菜的温度下，那对我们来说简直和“秒杀”没有什么区别。

说到杀伤力，我确实没办法和沙门菌、大肠杆菌它们相比较，但我有一点非常特殊，我在人体内“作恶”并不是通过自身——恰恰相反，我的生存能力很弱，往往在体内 2 ～ 3 个小时就会被体内的免疫系统所杀死，但是我真正的秘密武器是我分泌的毒素。在“英勇就义”之前，我会迅速地在人体的胃肠道内分泌毒素。这些胃肠道毒素会让人出现恶心、呕吐、胃痛和拉肚子等症状。我释放的毒素起作用非常快，一般 1 ～ 6 小时就会发作，最快的甚至半小

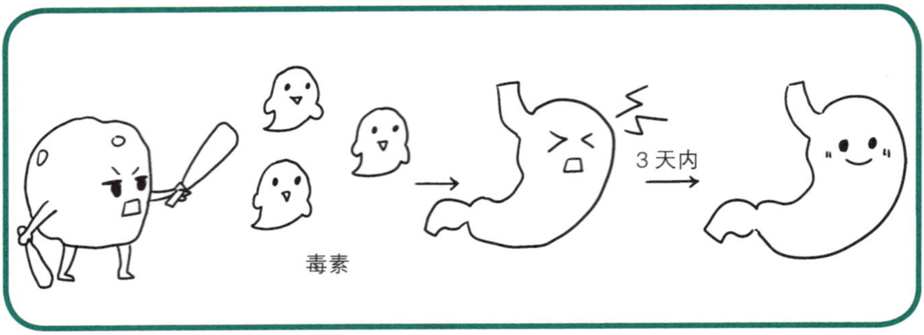

时就会出现症状。但大多数症状都不会特别严重，感染的人在 3 天内就会恢复健康。

虽然我本身非常脆弱，但是我释放的毒素生存能力极其顽强。在我的含量超标的牛奶中，科学家们用 100 摄氏度的高温加热 70 分钟之后都还会有 10% 的毒素残留。这些毒素的毒性也很强，仅仅只要 0.000 1 克就可以引发我刚刚说的呕吐等症状。如果在吃的食物中的我们的数量达到 10 万个 / 毫升，就能够产生足以让人患病的含量的毒素。

因为我本身很容易被杀死，而真正的罪魁祸首毒素却能够经受住外界环境的酷热考验，所以，如果在食品检测报告中说到我的检测结果高，那就可以充分判断食物已经受到了污染，大家就要避免食用。但是，我的含量检测结果低却不能说明这份食物就一定没有问题。举个例子吧，如果大家喝的牛奶曾经被我们大量地污染过，但最后又经过高温杀菌，我们肯定逃不过被杀死的命运，那么大家看到的检测结果就会是“细菌数目合格”，但是在这瓶牛奶中可能已经有大量的足以致病的毒素在虎视眈眈地等着大家把它们喝下去。所以大家平时在吃东西前一定要注意高温消毒，不然就会大大增加患病的风险。

最后，不知道大家有没有注意到，有许多商家给出的冷藏食物的建议是“把食物放凉之后再放冰箱”，因为这样做可以节约能源。但事实上，在室温下放凉，食物会有很长的时间暴露在适合我生长繁殖的温度和环境之下。从食品安全的角度考虑，这并不是一种合理的做法，所以大家下次看到家里的长辈把剩饭剩菜放在桌子上等着放凉，就一定要提醒他们尽快放进冰箱哦。

趣 闻

金黄色葡萄球菌最早是被细菌学家弗莱明从患者的脓液里提取到的，被弗莱明称为金妖精，但这金妖精并不是什么可爱的精灵，而是更像传说中非常烦人的地精，它们钻进人的伤口里，让人感染、流脓，甚至引起败血症；它们广泛地分布在空气中，有的甚至长期寄居在人的鼻腔内，在大多数时候，它们并不能翻起什么浪花，但当我们的身体出现伤口或是免疫力低下时，它们便会趁虚而入。

同时金黄色葡萄球菌在空气中也有分布，当它有了适宜的生存条件——比如变质的肉制品和奶制品放置在温暖潮湿的环境中，它就会加倍繁殖，不仅如此，它还会分泌一种叫作肠毒素的东西。即使金黄色葡萄球菌被高温杀死，肠毒素依然存在，不会被破坏，大量肠毒素进入人体内依然会引发我们肠道的急性反应，让我们上吐下泻、腹痛难忍。

为此，我国于 2013 年出台《食品安全国家标准　食品中致病菌限量》（GB 29921—2013），专门规定了各类食品中金黄色葡萄球菌的限量标准，让大家吃得放心。

医生的话

不要因为金黄色葡萄球菌看起来比其他致病菌弱就不在意哦！

记得提醒家里的大人不要把剩饭剩菜放在餐桌上，应及时放进冰箱哦！

一定要遵医嘱服药，不要乱用药哦！

参考文献

[1] 李毅.金黄色葡萄球菌及其肠毒素研究进展[J].中国卫生检验杂志，2004，14（4）：392-395.
[2] 高涛.食品中金黄色葡萄球菌肠毒素及检测方法的研究进展[J].福建分析测试，2003，2：39-42.
[3] 2000：日本雪印乳制品中毒事件[J]. 中国防伪，2002，6：19.

幽门螺杆菌

历史回顾

顽强的不速之客

幽门螺杆菌（Hp），是胃部的不速之客。它生存能力极强，在强酸性的胃液里仍能生存，是目前发现的唯一能够在胃里生存的细菌。Hp 的“顽强”，给人类带来了不少困扰。Hp 感染了全球一半以上的人口，在部分发展中国家情况比较严重，感染比例可高达 70%。感染者几乎都患有慢性胃炎，有 15% ～ 20% 的感染者发生消化道溃疡，大约 1% 的感染者会发展成胃癌。慢性胃炎、消化道溃疡的普通症状为食后上腹部饱胀、不适，伴随着嗳气、反酸、食欲下降等。

Hp 的发现史

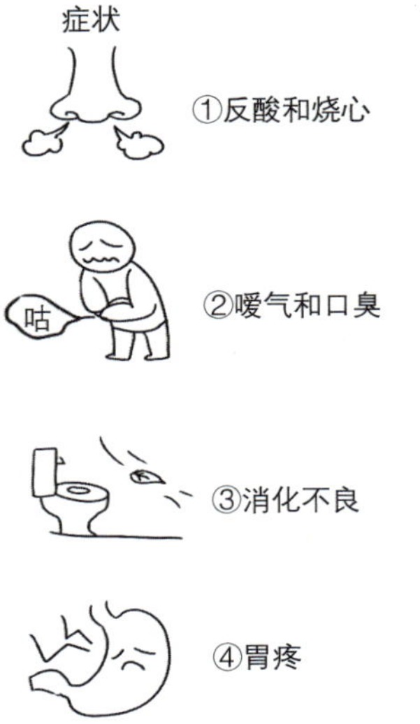

一直以来，人们都以为胃液的强酸性使细菌都无法在人类的胃液中生存，以至于大家都认为诱发胃炎的因素是辛辣食物或者压力过大。直到马歇尔医生不惜代价以自身做实验，Hp 才正式被发现。

年轻的马歇尔医生对胃病患者体内发现的一种螺旋状细菌极有兴趣，他潜心研究，最终成功培养和分离出了该细菌，并对其致病性进行了验证。但是，他的新发现并未引起很大的重视，在长达十年的时间，大多数同行都对“一种细菌在胃酸内存活，甚至引起炎症”这种说法嗤之以鼻，国际知名期刊也多次拒绝他的投稿。于是他愤然选择喝下一杯含有大量 Hp 的培养液，在自己身上做实验。几天后，他开始出现了一些胃炎的症状，又过了 10 天，胃镜证实了他胃里有大量 Hp 的存在。这一结果被发表在澳大利亚的医学杂志上，但仍未引起医学界的重视。直到他移民到美国，美国媒体对他进行了报道，马歇尔医生的知名度才有所提升，使医学界对 Hp 也逐渐认可，他最终因此获得诺贝尔生理学或医学奖。

1989 年，这种细菌被正式命名为幽门螺杆菌时，距离其初次发现和研究已经过去了整整十年。沉默的十年终于等来了一朝石破天惊，单向的追逐终于换来了医学界的认可。尽管这份认可来得迟了一些，马歇尔医生凭借坚持和勇气，还是为医学发展作出了卓越贡献，也造福了千千万万的胃病患者。

胃病的元凶之一

电镜下，Hp 是一种单极多鞭毛、末端钝圆、菌体呈螺旋形弯曲的细菌。在胃黏膜上皮细胞表面 Hp 常呈典型的螺旋形或弧形。Hp 之所以这么“拉仇恨”，原因之一是 Hp 对人类“情有独钟”，人是它的唯一自然宿主！

Hp 引发疾病的途径是“双管齐下”的。一方面，它在胃黏膜局部分解尿素产生氨，氨本身具有刺激性，同时也能使胃液的酸碱度发生改变，对局部黏膜产生伤害；另一方面，它还能直接产生毒素，对周围的胃壁细胞产生伤害，导致胃的慢性炎症，最后可导致胃细胞萎缩甚至肠化生。在 Hp 的重围之下，我们的胃乃至整个消化道就会逐渐出现炎症、溃疡，严重者甚至可能发生癌变。

胃溃疡是临床上发病概率较高的一种消化性溃疡，溃疡主要发生在胃壁上，功能正常的胃部内壁有一层具有保护作用的黏膜，如果胃黏膜因为各种因素受到损伤，就会出现溃疡。Hp 就是其中几大危险因素之一，由于它“双管齐下”地破坏胃黏膜，感染 Hp 的患者极易发展为胃溃疡。得了胃溃疡，多好吃的美食也不香，小小的细菌给人类带来了多大的痛苦啊！

Hp 常常不只引起胃溃疡。目前认为 Hp 是胃癌发生最可控的也是最明确的独立危险因素。1994 年，世界胃肠病学组织已经将 Hp 列为第一类致癌因子，即胃癌的第一类致癌原，相当于乙肝病毒和肝癌的关系，所以 Hp 与胃癌的发生关系密切。胃溃疡可以发展为胃癌，在慢性胃溃疡的黏膜上皮处出现上皮内瘤变，开始是低级别上皮内瘤变，其后可以发展到高级别上皮内瘤变。这种胃黏膜上皮高级别内瘤变属于癌前病变，再发展下去可以使得胃黏膜上皮发生原位癌，继而发展，胃黏膜上皮中的癌细胞可以扩散到胃黏膜上皮以下而成为浸润型胃癌。

切断传播途径，及时检测

Hp 的传播途径主要是口口途径、粪口途径。通俗地讲，通过共餐接触被 Hp 感染患者的口水，或者是粪便污染的食物，或是使用被污染的餐具，都有可能造成 Hp 的传播及感染。因此在日常生活中应注意食品卫生，并注意分餐，餐具应定期消毒，方能远离这一胃部疾病的“元凶”。

Hp 感染检测有许多方法，如活组织镜检、Hp 的分离培养、快速尿素酶试验、尿素呼气试验、尿氨排出试验、血清学试验以及聚合酶链反应等。对于可能感染的患者，其中首选是 ^{14}C 或 ^{13}C 呼气试验，这种方法只需检测患者呼出的 CO_2，是一种无创无痛的检查方法。由于 ^{14}C 非常稳定，因此经常作为标志物出现。在 ^{14}C 呼气试验中，受检者口服尿素 ^{14}C 胶囊后，如果胃中有 Hp，其产生的尿素酶能迅速将尿素分解为 CO_2 和 NH_3，CO_2 经血液进入肺而被排出体外，将排出的带标记的 CO_2 气体收集后，在仪器上测量，即可判断胃内有无 Hp，检测是否被 Hp 感染，以便及早用药治疗，以防发展成严重的胃部疾病。及时地检查、发现、治疗，对于遏制 Hp 的“攻势”，护卫我们的胃部健康具有重要意义。

我国不容忽视的感染现状

我国 Hp 的感染率较高，约有 56% 的人感染。其中以长者最为严重，70 岁以上人群的感染率达到了 78.9%。这和我国的共餐习惯有关，一群人分享一道菜，在不使用公筷的情况下，就增加了 Hp 的感染风险。由于 Hp 感染者的口腔中可能存在细菌，一起吃饭的人便有可能被感染。除此之外，接吻、使用未经消毒的不洁餐具、口对口喂小孩食物等都可能引起口口传播。除此之外，还有粪口传播，感染者的粪便中含有 Hp，污染了水源，健康的人饮用了含 Hp 的水，也会被感染。这些情境在我国居民的生活中都时常出现。Hp 传播风险之高，感染人群之多，不容忽视。

想要预防 Hp 的感染，可以从保持良好的卫生意识做起。第一，外出用餐不要选择环境不卫生的地方，例如一些路边摊。第二，不要饮用来源不明的水，实验证明，Hp 能在水中存活数周。第三，定期消毒餐具，用沸水煮 10 ~ 15 分钟即可。第四，不要共用牙刷，要保持良好的口腔清洁习惯。

此外, Hp 的根治率高达 90%, 所以只要出现相关症状后进行及时的检查和治疗, 就不必惊慌。因此, 面对 Hp, 我们应该注重预防, 定期检查, 及时发现, 尽早治疗, 在它给我们带来不可逆的伤害之前, 将其扼杀在摇篮中, 守护自己的胃部健康, 让自己生活愉快,“吃嘛嘛香”。

医生的话
想要预防Hp的感染，可以从保持良好的卫生习惯做起。

参考文献

[1] 崔璨璨，李长锋，张斌．幽门螺旋杆菌感染治疗方案的研究现状和进展[J]．吉林大学学报（医学版），2017，43（6）：1287-1290.

[2] 李凡，徐志凯.医学微生物学[M]．9版.北京：人民卫生出版社，2018：123-124.

肉毒杆菌

历史回顾

美容？剧毒？

可能不少人都听说过“打肉毒（毒）素”这种说法，肉毒毒素这种神奇的物质居然能够磨平人们脸上岁月的痕迹！因为肉毒毒素能暂时麻痹肌肉，美容医生们发现它在减少皱纹方面有着惊人的能力，其效果远远超过其他任何一种化妆品或整容术。在整容医疗中，肉毒毒素注射是一种很常见的美容方法。

但是不可忽视的是，肉毒毒素在目前已知的毒素中毒性排名第一，低剂量的毒素就可以使人麻痹，更可以致人死亡，臭名昭著的“生化武器”里就少不了它的影子。那么，产生这种亦敌亦友的毒素的肉毒杆菌，又具有怎样的特点和习性呢？

肉毒——肉中产生的毒物

肉毒杆菌是一种革兰氏阳性菌，它的细胞壁很厚，有鞭毛，无荚膜，有芽孢的产生。芽孢的椭圆形形状使细胞呈网球拍形状。肉毒杆菌是一种腐物寄生菌，它能将肉渣分解，让它变黑，并发出恶臭。肉毒杆菌特别喜欢生存在没有氧气的环境中，所以在罐头食品、腊肠和密封良好或经过腌渍的食品中生存良好。

肉毒杆菌在厌氧环境中进行繁殖时，能产生毒性很强的毒素——肉毒毒素，是毒性较强的毒素之一。肉毒毒素能透过身体各个部分的黏膜，经由胃肠道吸收后，再经淋巴和血液扩散，在脑神经核和肌肉神经接头，阻碍乙酰胆碱的释放，影响神经传递冲动，从而导致特殊神经中毒，致使肌肉呈松弛性麻痹。当人们吸入或者食入这种毒素之后，会出现食物中毒，原因是神经系统遭到破坏，继而出现的症状有眼睑下垂、复视、斜视、吞咽困难、头晕、呼吸困难和肌肉乏力等症状，严重者可因呼吸肌麻痹而死亡。死亡率在 20% ～ 25%。人和动物由肉毒毒素引起的中毒性疾病被称为肉毒中毒症。

肉毒杆菌在自然界中随处可见，常常在土壤中检出，也偶尔出现在动物粪便里。人体的下消化道为严格厌氧的肉毒杆菌提供了良好的缺氧居住环境。特别是婴儿没有完善微生物菌群的消化道，尤其适宜肉毒杆菌的生长繁殖，所以，肉毒杆菌也是婴儿食品中存在的一大隐患。

威胁人类生命安全的“杀手”

肉毒杆菌可良好抵抗热、辐射和化学消毒剂，若要完全杀灭肉毒杆菌，需要在 180 摄氏度下干热 5 ～ 15 分钟，100 摄氏度下湿热 5 小时或高压蒸汽 121 摄氏度下半小时。而现在基本不使用高温高压的工业化食品加工方式，虽然其在减少细菌细胞的数量方面效果显著，但芽孢仍能存活。如果加工、包装、储存等过程仍存在操作漏洞，这种细微的小芽孢就会进入封闭缺氧的食品包装，在其中发芽繁殖，随之产生具有强毒性的肉毒毒素。芽孢可谓是杀不死的“小强”，不讲武德的“小偷”，不知不觉就能潜入我们的身边，危害我们的健康。

根据毒素抗原性的差异，共可分出划分七种不同的肉毒杆菌，即 A、B、C、D、E、F 和 G 型，其中 A、B、E、F 型是毒害人类的元凶，其中 A 型肉毒杆菌可以产生致命的毒素。25 ～ 35 摄氏度、pH 值 6.0 ～ 8.2 为肉毒杆菌生存的最适宜条件。肉毒杆菌芽孢具有较强的耐热性，在沸水中有 5 ～ 22 小时的存活时间，即使加温到

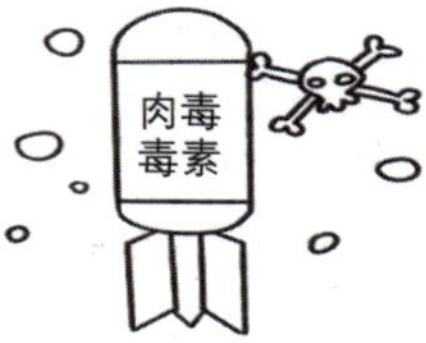

作为生物武器 1克可毒死100万人

180 摄氏度要将其杀死还需要 5～15 分钟的持续高温，但肉毒毒素并无较强的耐热性，在高温下就会变性失活。

肉毒杆菌的危害主要体现在食品安全和生物武器两方面上。由肉毒杆菌引起的食物中毒，即肉毒中毒症，是因进食的食物中存在肉毒毒素而导致的中毒，临床上病症为胃肠不适及中枢神经系统症状如眼肌及咽肌瘫痪。其代表事件为 1976 年美国报道的婴儿猝死综合征，发病原因即为婴儿的肉毒毒素中毒，如果没有得到及时的治疗，有极高的死亡率。且由于肉毒毒素有极强致命性，毒死 100 万人仅需 1 克肉毒毒素，又可大量生产，能通过空气逸散使人中毒，可用作战时生物武器，应对其予以足够重视。

能治病，能美容，但美丽也有代价

胆碱能运动神经的末梢是肉毒毒素的作用位点，肉毒毒素能削弱钙离子的作用效果，干扰运动神经末梢释放神经递质，使肌纤维无法收缩，能够暂时使神经兴奋无法传播，但在兴奋和传导上对神经和肌肉都没有损伤。利用其独特的阻碍神经兴奋的作用机制，除了可以将肉毒杆菌应用于医美上，还可以将其

用于各种肌肉痉挛性的疾病，比如面肌痉挛、神经损伤导致的肌肉痉挛、脑瘫引起的肌肉痉挛等。

近年来，人们对肉毒杆菌如何起作用和起到什么作用较为明确后，就开始将其应用在药物上，甚至用在医美中。1992 年有人在医美上尝试使用肉毒杆菌注射来减少皱纹，主要是用来去除动态的皱纹，如皱眉纹、鱼尾纹、抬头纹，及改善“国字脸”和“萝卜腿”。美容用的肉毒杆菌不良反应可能包含短时的头痛、面部皮肤松弛，症状较轻，但如果注射不正确，则可能会引起免疫复合物疾病和肌肉麻痹等后遗症。

在将肉毒毒素应用于医疗领域的同时，其副作用仍然需要我们小心防范，较轻度的危害包括过敏等，所以在注射肉毒毒素后一周内往往要避免服用阿司匹林等易致敏药物来防止过敏的发生。注射肉毒毒素严重的副作用为发热、乏力、浑身不适等类似感冒的中毒反应症状，还会造成神经麻痹、肌肉萎缩与神经损伤的症状，严重程度取决于注射剂量的多少。我们在新闻报道上看到过不少因为过度追求外表而依赖肉毒毒素注射却导致面部僵硬不自然的事例，也就是常说的“面具综合征”，这就是因为肉毒毒素损伤了面部神经，造成了永久的神经麻痹。

即使肉毒毒素的美容效果和临床良好表现不可被忽视，我们仍应时刻记住其原本的强毒性和危害，在将其用于医疗时，我们应时刻保持头脑清醒，适当适量合理使用，将其副作用降至最小。

参考文献

[1] 王景林.一种致命的隐形杀手：肉毒杆菌与肉毒毒素[J].中国奶牛，2013，14：1–6.

[2] 张建.肉毒杆菌及其毒素概述[J].生物学教学，2014，39（3）：2–3.

[3] 虞瑞尧，王荫椿.A型肉毒杆菌毒素在皮肤科临床上的应用[J].国外医学：皮肤性病学分册，2002，28（6）：382–384.

霍乱弧菌

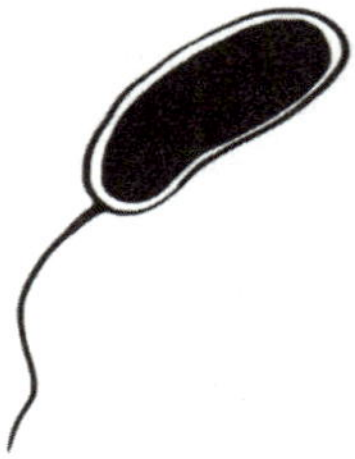

历史回顾

霍乱的起源

不知道大家有没有看过英国作家弗朗西斯·伯内特的著名小说《秘密花园》呢？小说的主人公玛丽生于印度，一场霍乱夺走了玛丽父母和仆人的生命，从此玛丽成了孤儿。而我们这次要讲述的主题就是——霍乱。

大多数人认为霍乱最初起源于恒河三角洲。当地人生活用水都依赖于恒河，对于当地人而言，恒河就像是我们的长江、黄河。一旦恒河水被霍乱弧菌污染，就会造成疫情大面积扩散。而且恒河流域有“水葬”的习俗，那些因霍乱而死的人的尸体被抛入恒河内，更是加剧了霍乱的传播。

弗朗西斯的《秘密花园》正是在此背景下展开故事的。由于当时交通不发达，霍乱起初只是印度半岛的地方病，传播速度比较慢，当时流传着“霍乱骑着骆驼旅行”的说法。后来，由于第一次工业革命中轮船的发明和英国的对外扩张，霍乱也“坐上了轮船”，以更快的速度将它的魔爪伸向世界各地。

1817 年至 20 世纪 70 年代，人类前后共经历了 7 次霍乱世界大流行，将近 300 万人死于霍乱。霍乱就像一个打不死的“小强”，成了 19 和 20 世纪最令人害怕、最引人瞩目的世界病。

德国著名诗人海涅有一段对霍乱的生动描述：“3 月 29 日，当巴黎宣布出现霍乱时，许多人都满不在乎。他们讥笑疾病的恐惧者，更不理睬霍乱的出现。当天晚上多个舞厅中挤满了人，歇斯底里的狂笑声淹没了巨大的音乐声。突然，在一个舞场中，一个最逗笑的小丑双腿一软倒了下来。他摘下自己的面具后，人们出乎意料地发现，他的脸色已经青紫，笑声顿时消失。马车迅速地把这些狂欢者从舞场送往医院。但不久后他们便一排排地倒下了，身上还穿着狂欢时的服装……”可见，霍乱在当时是非常令人恐惧的。

“打不死的小强”——霍乱弧菌

霍乱是由霍乱弧菌引起的一种甲类肠道传染病。霍乱弧菌耐碱不耐酸，对营养物质要求低，易繁殖。有菌毛，无芽孢，有像小尾巴一样的鞭毛，鞭毛运动活泼。霍乱弧菌能以可怕的速度传播，传染性极强，可随霍乱患者的粪便和呕吐物排出，然后由携带着霍乱弧菌的水源或苍蝇传播到其他人身上。

霍乱弧菌通过侵袭肠道引发严重的呕吐、腹泻等症状，进而引起我们身体水分和盐分的进一步丢失，从而导致人类的死亡。霍乱弧菌主要存在于水中，可以随着患者的粪便而排出，也可以随着呕吐物而排出，从而污染水源或者被苍蝇携带。所以霍乱最常见的感染原因是饮用被患者粪便污染的水源。

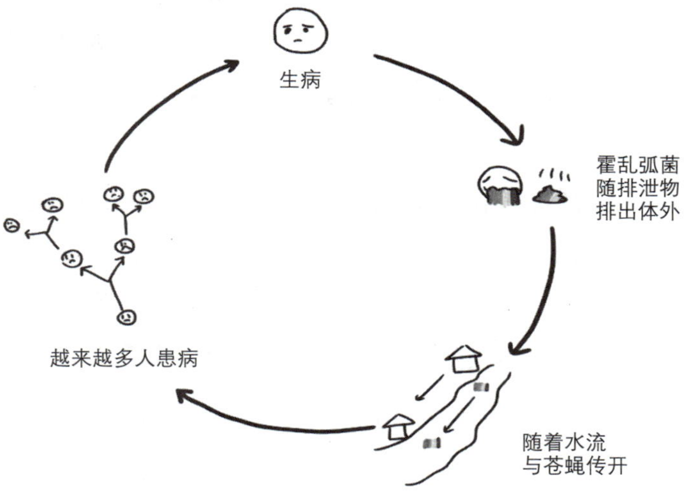
生病
霍乱弧菌
随排泄物
排出体外
随着水流
与苍蝇传开
越来越多人患病

霍乱弧菌的“撒手锏”——霍乱毒素

霍乱弧菌在侵入小肠后，黏附于肠黏膜表面大量繁殖，并向人体使用它的“撒手锏”——霍乱毒素。霍乱毒素是一种典型的肠毒素，是目前已知的导致腹泻脱水的毒素中杀伤力最强的。霍乱毒素是一种多聚体蛋白质，由1个战士——A亚单位和5个相同的哨兵——B亚单位组成。哨兵B君们与小肠黏膜上皮细胞外的叛徒——特异性受体GM1神经节苷脂受体结合，使邪恶战士A君侵入细胞，而后在神器蛋白酶的辅助下使用秘技——无影分身术，解体为A1君与A2君。A1君把小肠黏膜细胞中大量的能量物质ATP转化为环状物质cAMP，cAMP含量大幅提高，使肠黏膜隐窝细胞警铃大作，被刺激后主动分泌氯离子与碳酸氢根离子，并抑制肠绒毛细胞对钠离子的摄入。肠黏膜隐窝细胞的防御行为反而将人整个身体置于极大的危机之中，造成患者严重腹泻，且喷射般狂吐不止，人体失水皱缩，眼眶塌陷，血液黏稠，皮肤呈现深蓝色和褐色，看起来像一个虚弱的外星人。

在霍乱弧菌进行侵略攻击的过程中，其特殊的结构为它的快速进攻提供了条件。运动活泼的鞭毛细菌为穿过肠黏膜表面的城墙——黏液层而接近上皮细胞的长矛；菌毛中的一种——毒素共调节菌毛A帮助霍乱弧菌黏附于上皮细胞表面；霍乱弧菌在上皮细胞表面聚集后可形成一体的生物膜，增加黏附稳定性。

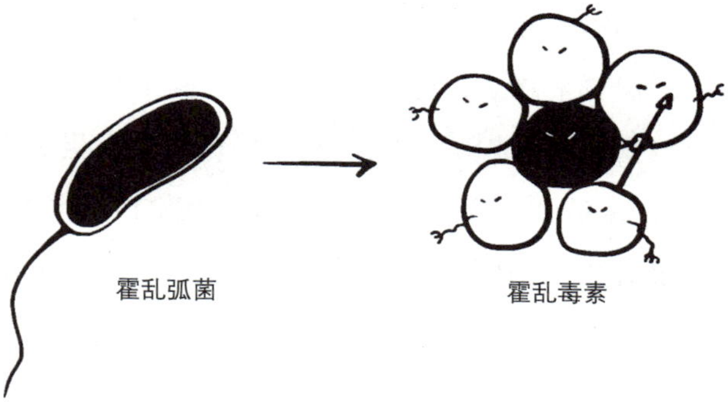

霍乱的传播

大家知道霍乱的传播方式是怎样被发现的吗？这就要提到英国麻醉学家、流行病学家约翰·斯诺的宽街实验。1845 年，霍乱在英国暴发。约翰天才般地想到将死亡病例标注在地图上，绘成了有名

的“死亡地图”。他发现越靠近剑桥宽街街角处的公共水井死亡病例越多，于是，约翰敏锐地发现霍乱与饮用水的污染有关。公共水井被关闭后，霍乱很快就平息了，它有力地证明了霍乱与饮用水的关系。

时至今日，霍乱仍未根除，但是我们仍在努力。世界卫生组织计划在2030年将霍乱的死亡率降低90%，并且在20个国家消灭霍乱。针对霍乱的传播方式，中国采取了以“三管一灭”为中心的综合控制措施，即管好水、管好粪便、管好食品卫生和消灭苍蝇。相信经过大家的共同努力，在不久的未来，霍乱会像天花一样被永远消灭。

医生的话

大家在生活中一定要注意饮食安全卫生，饭前便后一定按照正确方法洗手，不摄入不干净的或者不明来源的食物与水。

对于霍乱患者，首先应采取严密隔离，一直到霍乱患者的症状消失且粪便连续三次进行霍乱弧菌培养都是阴性才可以解除隔离；其次，进行补液，轻度患者口服补液，中、重度患者静脉补液，并进行抗菌治疗；最后进行对症治疗。

参考文献

[1] 方微微，王恒樑，李晓晖，等.霍乱弧菌检测技术研究进展[J].微生物学报，2019，59（10）：1855–1863.

[2] 吴诗品.霍乱：不该被遗忘的老瘟疫[J].新发传染病电子杂志，2018，3（4）：198–201.

[3] 殷红秋，曲旭亮，王燕，等.常见致病性弧菌检测的研究进展[J].中国微生态学杂志，2016，28（3）：369–373.

[4] 张保强，董力群，王逊，等.致病性弧菌的研究概况[J].职业与健康，2006，22（24）：2170–2172.

[5] 王洪敏，马文丽，郑文岭.霍乱弧菌的致病性与流行性研究进展[J].生物化学与生物物理进展，2003，30（1）：38–42.

乳酸菌

历史回顾

乳酸菌的来源

酸酸甜甜的酸奶有谁不爱呢？它益处多多，老少皆宜，口味丰富，任君挑选……顾名思义，酸奶是一种奶制品，但是它和普通的牛奶不论是形态上还是口味上都有着明显的区别，而这都要归功于一种神奇的细菌——乳酸菌。乳酸菌发酵牛奶制作酸奶的历史可以追溯到几千年前，下面就让我们走进这段酸奶的历史，去一探究竟吧！

大约 3 500 年前，在欧洲的巴尔干半岛上生活着色雷斯民族，他们过着原始的游牧生活，需要经常赶着羊群寻找草原，因此他们总在随着草原的枯荣不停地迁徙。在放牧的过程中，他们喜欢把羊奶装在腰间的羊皮囊内，需要时便能饮用。但没想到的是，调皮的乳酸菌偷偷溜了进去，它们将牛奶中的乳糖分解成乳酸，这样牛奶就变成“酸”奶了！由于当时外界气温很低，酸奶便凝结成了块。当时的人们并不知道是乳酸菌在捣乱，却意外地发现这种乳酪块独具风味，方便携带，便开始食用。

虽然人们很早就开始自己制作和食用酸奶，但具体是什么微生物在起作用人们并不清楚，而我们聪明的科学家正是从这些寻常的现象入手，逐步揭开了乳酸菌的神秘面纱。

乳酸菌虽然可以将牛奶发酵成美味的酸奶，但有时它也会添乱。19 世纪中叶时，葡萄酒产业是欧洲的支柱产业，但酒商们发现，葡萄酒放着放着就

酸奶

变酸了，大大影响了葡萄酒的品质，这可愁坏了酒商们。这时微生物学家巴斯德将变质的葡萄酒放在显微镜下观察，发现不同之处就是变质的葡萄酒中除了酵母菌之外还有一些短棒状的细菌，它们能够产酸。巴斯德正是从这些细菌中发现了乳酸菌。

乳酸菌的自我介绍

读者朋友们你们好呀，我的名字叫作乳酸菌，全名叫作乳酸杆菌。之所以叫我杆菌，是因为我长得又粗又长的，像一根木杆一样。

我和球菌不同，我不喜欢和大家一起活动，所以大家如果以后能拿到显微镜观察我，就会看到我一般分散存在，很少像其他的球菌一样一团一团地聚在一起或者排列成链状。想必大家也不是第一次听到我的名字了吧。和之前认识的细菌们不太一样，我可是一种地地道道的益生菌噢。

我被叫作益生菌的原因主要有四点。第一，我进入肠道以后，可以分泌一种有机酸，这种酸可以让肠道里的 pH 值降低（也就是酸性升高），从而提高对食物的吸收能力。第二，众所周知，肠道内的营养物质是有限的，我会和那些有害的细菌们共同竞争营养物质，从而抑制它们的生长。第三，我会大量附着在肠道黏膜的上皮处——这些地方正是有害细菌滋生的温床，打个比方，就像是给肠道穿上了一件防弹衣，可以减少有害菌的伤害。第四，我还可以产生许多抗菌物质，对其他细菌造成杀伤，从而增强人体的免疫力。

除此之外，我还可以促进 B 族维生素、维生素 K 的合成；降低人体胆固醇的含量；降低人们被大肠杆菌感染的风险。怎么样，我是不是特别有益呀！

在数千年前，我就已经和人类建立了紧密的联系——人们利用我和奶混合发酵的方法制成了奶酪，这也是世界上最早的乳酸菌食品。

但是，和其他忍耐力强的细菌相比，我的体质并不是特别好：我对温度特别敏感，忍受不了过高的温度。只要我周围的环境超过50 摄氏度，我的活性就会开始下降；如果温度继续上升，很快我就会彻底“死亡”，所以想要我在体内发挥作用一定要注意把酸奶等食品放在低温环境中保存哦。

而且，不管再怎样努力，我也不可能在肠道内久住，需要天天补充。

想要保证肠道内的健康，有需要的人可以遵医嘱每天适量补充优质乳酸菌。

历史悠久的“功臣”

大家喜欢喝酸奶吗？酸奶不仅仅是一种可口的饮品，它的营养价值也非常高呢！

被称为“老年学之父”的伊利亚·梅契尼科夫，因发现白细胞的吞噬作用而获得了 1908 年的诺贝尔生理学或医学奖，他最早发现酸奶具有延年益寿功能。他一直提倡坚持饮用酸奶。同时，他把细菌与长寿相关的学术思想整理成著作《怎样延长你的寿命》。这一思想使 1910—1930 年的西方掀起了“酸奶”热潮，一些医生甚至建议将酸奶作为手术前患者消化道的消毒剂。

传说中，古罗马皇帝和成吉思汗都会命令其将士在打仗的时候携带酸奶，利用酸奶来防治疾病、保证健康，最终保障士兵们能够打败敌人、胜利归来。

在我国的牧区，酸羊奶、酸牛奶是生活中非常常见的饮料，牧民们喝酸牛奶的其实并不多，但是却离不开酸马奶，酸马奶还被当地牧民们用来招待尊贵的宾客哦。

搞破坏的“捣蛋鬼”

经过了几千年人类的探索，近代微生物学的奠基人法国著名微生物学家巴斯德终于揭开了酸奶的神秘面纱，指出将牛奶变成美味酸奶的大功臣正是本节的主人公——乳酸菌。

1856 年的夏天，当时 34 岁的巴斯德在里尔城大学担任老师。里尔是一个非常繁华的城市，许多人热爱喝酒，于是便有许多人从事酿酒这一行业，但是在这个夏天，经常会出现一件怪事！原本芬芳香醇的酒，总是会突然变酸，并且会带有酸牛奶的气味，这一切让酒厂主们都忧心忡忡！

一个叫比尔的酒厂主，实在走

投无路，他找到了巴斯德教授，请他帮忙解决酒变酸的大难题。于是巴斯德经过提取分析等一系列实验，探究了好酒桶和酸酒桶中的酒究竟有什么区别，结果发现好酒桶里含有小椭圆球状的细菌——酵母菌，而酸酒桶里并没有这种小椭圆状的细菌，反而存在的是一种小杆状体。经过无数次的观察、对比，反复地进行实验，巴斯德得出了结论：好葡萄酒是酵母，也就是小椭圆状细菌生长繁殖的结果，而葡萄酒变酸，则是那些数不清的小杆状体生长活动，产生乳酸的结果。随后，巴斯德在研究乳酸发酵的过程中，发现了这个小杆状体为乳酸菌，并将其定义为能从可利用碳水化合物（也就是我们平常都会吃的食物）发酵过程中产生大量乳酸的细菌。

生产美味的大厨

乳酸菌之所以被称为乳酸菌，就是因为它能够“吃”进碳水化合物而生产出乳酸。

我们为什么要喝酸奶？当然不仅仅是因为它的美味可口，更是因为酸奶比牛奶更能被我们好好地吸收。亚洲人普遍存在乳糖不耐受的情况，这些人会因不能完全消化母乳或牛乳中的乳糖而“拉肚子”，而乳酸菌便为我们打破了这道屏障。这个小小的杆状体能够将牛奶、羊奶等动物乳制品变成发酵乳制品，也就是将动物乳中的乳糖和酪蛋白等营养物质分解，于是酸奶就成了受欢迎的饮品。包括现在广受欢迎的活性乳酸菌饮料，不仅风味独特，口感比酸奶更加清爽，而且具有一定的保健功效。此类饮品的招牌卖点便是有乳酸菌活菌的存在，不光有较高营养价值，更能让乳酸菌在我们的小肠中继续发挥作用。类似的还有奶油、奶酪和豆浆等，芳香的同时又富含营养。

助力健康的好帮手

乳酸菌不仅仅在自然的环境下能够辛勤地工作生产，还生存在我们的肚子里！但是别错怪它哦，它是一种有益的细菌，在我们的肠道中也认真“上班”。

首先，它能够有效调节我们肠道中的菌群，杀死对我们身体有害的菌群以及它们产生的毒素和废物等。就像我们肚子里的清道夫，控制体内毒素，每天勤勤恳恳地将我们的肠道打扫干净，从而起到保护胃黏膜，改善胃蠕动的作用。不仅如此，它还能壮大自己的力量，增加肠道的益生菌，并且能帮我们调节菌群，把它们管理得井井有条，维持微生态平衡，从而改善胃肠道功能。

其次，它还能够提高食物消化率和生物效价，也就是和其他的微生物比，它拥有更高的工作效率。对于我们的肠道，乳酸菌还能够降低血清胆固醇，提高人体免疫力和抵抗力，不仅能够预防由血清胆固醇偏高而引起的冠心病、脑血栓等疾病，还能够强身健体、增强体魄。它怎么做到的呢？因为乳酸菌能够促进蛋白质、单糖、钙、镁等我们生长发育必需的物质的吸收，从而有效起到抗肿瘤、预防癌症的作用。具体的过程便是：乳酸菌一方面能显著地激活吞噬细胞，也就是体内的“控毒警察”，发挥它的吞噬作用；另一方面，它能在肠道“扎根安家”，于是相当于一种天然自动的免疫因子。它还能刺激腹膜吞噬细胞、诱导产生干扰素、促进细胞分裂、产生抗体及促进细胞免疫等，所以能增强机体的非特异性和特异性免疫反应，提高我们的抗病能力。

所以多摄入乳酸菌对我们的身体是十分有益的。同时，它在一定程度上能够有效预防女性泌尿生殖系统的感染，用清热解毒的方法来保护我们的肝脏，因而有抗衰老、延年益寿的佳效。

虽然它有以上如此多的好处，但摄入还是要十分注意：孕妇及老年人摄入乳酸菌是对身体有益的，但是糖尿病人群及肥胖者，则应注意不应该大量摄入乳酸菌哦。

创造未来的“种子选手”

尽管已经具备了很多益处，乳酸菌并不仅仅止步于此，它和时代一起在奔跑进步。

从近年来对乳酸菌的研究、现代科技的不断更新与发展，以及广大消费者的需求来看，未来乳酸菌产品市场必定是旺盛繁荣的。首先是在医疗保健行业中，科学家会培养并筛选具有特异性的新菌株来用作药物治疗，比如针对消化道的各种区域需要不同的乳酸菌菌株来调节，或者因特异性针对某些类型疾病而具有优良功效的菌株，例如肇因于幽门螺杆菌的胃溃疡、轮状病毒引起的痢疾、胃炎及过敏等疾病。其次就是在更加贴近我们生活的食品行业中，目前而言，乳酸菌大多被用来生产乳制品，在未来，婴儿配方食品、幼儿食品、发酵果汁、发酵豆制品、谷类食品及特定医疗食品等，都是我们和乳酸菌们共同努力奔赴的方向，将出现添加乳酸菌的具有新功能的产品。期待大家在未来也能出一份力！

趣闻

乳酸菌还与一种中国人喜爱的美食息息相关——泡菜。泡菜，又称酸菜，酸爽可口，开胃下饭，是从古至今家家户户必不可少的美味佳肴，是中国劳动人民智慧的结晶。

早在商周时期，就有关于泡菜的记录。《诗经·小雅》中曾记载“中田有庐，疆埸有瓜，是剥是菹，献之皇祖”。其中，“庐”和“瓜”都是指蔬菜，而“剥”和“菹”则是指腌制的过程，在记载中我们也可以发现，在当时，泡菜可是能献给皇帝的食物。

在北魏时期，中国著名农业科学家贾思勰在其著作《齐民要术》中系统地介绍了泡渍蔬菜的方法，各地出土的各式各样腌制蔬菜的陶器也说明早在一千多年前，制作泡菜技术就已经成熟并普及。

不仅如此，泡菜还与我们的文化息息相关，我们不仅在文人雅士的诗中可以找到对它的描写，例如著名诗人陆游就曾在《观蔬圃》中通过“菘芥可菹，芹可羹”描绘了自家菜园的丰收景象。在市井人家的民俗生活中我们也可以发现它的身影，例如在清代四川地区，新人嫁娶时，父母都要置办新坛，作为嫁妆，寓意这对新人从今往后衣食无忧，可见泡菜在人民生活中的重要地位。

正如袁枚《随园食单》中所述泡菜“……香美异常，色白如玉”，泡菜的美味让我们几千年来都欲罢不能。只是一个个小小的乳酸菌就能有如此大的魔力，生物世界还有更多的神奇之处等着大家去探寻哦！

参考文献

［1］金世琳.乳酸菌的科学与技术[J].中国乳品工业，1998，2：14–16，20.

［2］赵红霞，詹勇，许梓荣.乳酸菌的研究及其应用[J].江西饲料，2003，1：9–12.

［3］许女，王佳丽，陈旭峰，等.优良乳酸菌的筛选、鉴定及在酸奶中的应用[J].中国食品学报，2019，19（2）：98–107.

［4］刘民健.中国古代蔬菜诗词选注[M].杨凌：西北农林科技大学出版社，2003.

白喉棒状杆菌

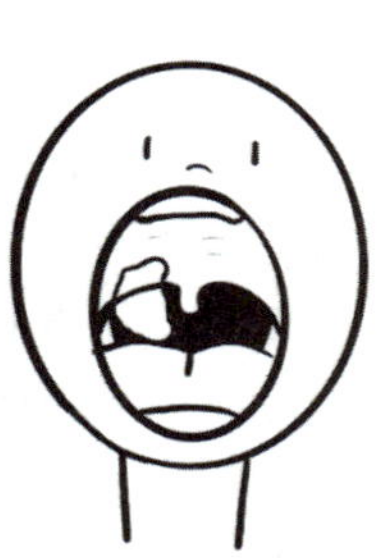

历史回顾

儿童“杀手”——白喉

大家还记得小时候打疫苗的痛苦情形吗？其中的 3～4 次就是为了接种针对百日咳、白喉和破伤风的“百白破三联疫苗”。白喉是一种由白喉棒状杆菌引起的呼吸道疾病，这种细菌通常是经由直接接触或者飞沫传播进行扩散，白喉发病急且传染性非常强。

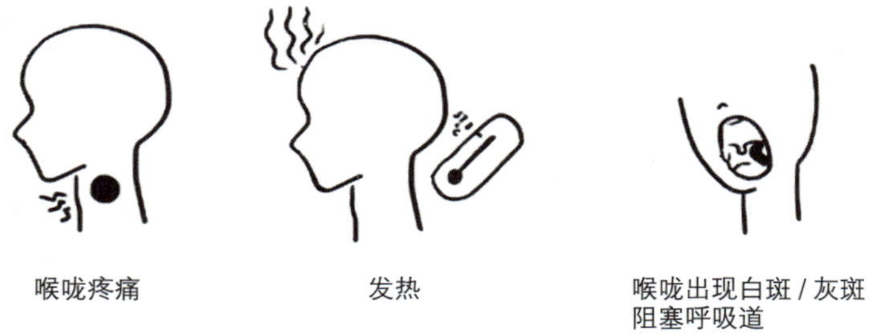

白喉对于如今的我们而言，可以说是相当遥远了，但这种病症在以前却是名副其实的“儿童杀手”（大人也会感染）。它的症状先是喉咙疼痛并伴有发热现象，之后，严重的患者喉咙会出现灰色或白色斑块进而阻塞呼吸道，且伴有包括心肌炎、神经炎以及因血小板水平低下而造成血流不止等多种并发症，如果处理不及时，患者随时可能窒息而死，但也请放心，那是以前，现在通过疫苗接种，白喉已不再具有那样的杀伤力。

白喉与雪橇犬

关于白喉，有一个令人动容的故事。20世纪20年代，诺姆镇暴发了白喉疫情。令人担忧的是，这个位于美国阿拉斯加州的小镇无比偏僻。即使是最近的存有白喉血清的城市，也远在数百英里*以外。

望着被茫茫白雪封堵的道路，人们没有坐以待毙。生命危在旦夕，分秒必争，人们决定用哈士奇雪橇队运送白喉血清。可如果按照当时正常的雪橇队速度来计算，这一路差不多需要25天的时间。可这群坚强无畏的雪橇犬创造了奇迹，它们克服了危险重重的暴风雪，只用了五天半时间就将白喉血清送达了目的地，为白喉患者带来生的转机。这个故事后来被改编成了电影《多哥》，影片中机警、勇敢、忠诚的雪橇犬多哥感动了无数人。

“最美的杀手”——白喉棒状杆菌

白喉是由白喉棒状杆菌引起的。在显微镜下面观察，它就像一根火柴或者是一个哑铃一样，杆状部分细细长长的，而杆的一端或两端膨大，成了“火柴的头”“哑铃的铃片”，这就是白喉棒状杆菌的“异染颗粒”，是用于鉴定白喉棒状杆菌的重要特点。人们常说白喉棒状杆菌是“最美的”细菌，因为它染色后颜色鲜艳，形状修长而规则。不同于其他易聚集形成团块的细菌，白喉棒状杆菌个个分明，易于观察，所以夺得细菌界的“选美桂冠”。

在培养基上，白喉棒状杆菌一般能生长成圆形灰白色的小菌落。因此人们根据培养基上菌落的特点，将白喉棒状杆菌菌落区分为重型、中间型和轻型三种。重型菌落比较大，表面光滑但没有光

*1英里≈1.6千米。

泽，边缘是不规则的；中间型菌落比较小，颜色是灰黑色的，而且拥有光滑的表面和整齐的边缘；轻型菌落很小，颜色是更深的黑色，表面光滑，边缘整齐。白喉棒状杆菌菌落的分类和疾病的轻重并没有联系，但它们出现的地区和年份都有所不同，为科学家们研究白喉疫情提供了重要信息。

致病的秘密武器——白喉毒素

携带 β－棒状杆菌噬菌体的白喉棒状杆菌，是能够进行分裂遗传的毒性白喉棒状杆菌。这个 β－棒状杆菌噬菌体可以让生产毒素的基因——*tox* 基因与白喉棒状杆菌的 DNA 合为一体，会使白喉棒状杆菌产生一种毒性极强的蛋白质——白喉毒素。

白喉棒状杆菌在侵入人体后，能够在鼻腔与咽喉生长繁殖，并产生白喉毒素，这就会导致我们的喉咙出现炎症，还会有一层白色假膜——这是白喉最典型的临床表现。如果假膜脱落，或是喉咙出现局部水肿，就会引起窒息死亡，这是白喉患者早期最主要的死因。

那么白喉毒素是怎么导致炎症的呢？首先我们需要知道，这种可怕的白喉毒素由两条链组成——A 链和 B 链。其中，A 链有毒性，而 B 链无毒性，它们互相辅助完成侵染人体的这一过程。白喉毒素扩散入血液后，B 链可以“对暗号”来对目标细胞定位，通过与细胞表面的受体结合，辅助 A 链进入细胞，A 链进入细胞后就可以抑制细胞中蛋白质的合成。此外，更有一种叫作索状因子的“炸药”，可以炸掉细胞的“动力车间”线粒体，使细胞供能受阻，毫无还手之力。“强力胶”K抗原还能使白喉棒状杆菌更好地黏附于被感染的细胞表面。在这样的内外夹攻之下，细胞功能受损，最终导致人体一系列中毒症状的出现。

预防手段

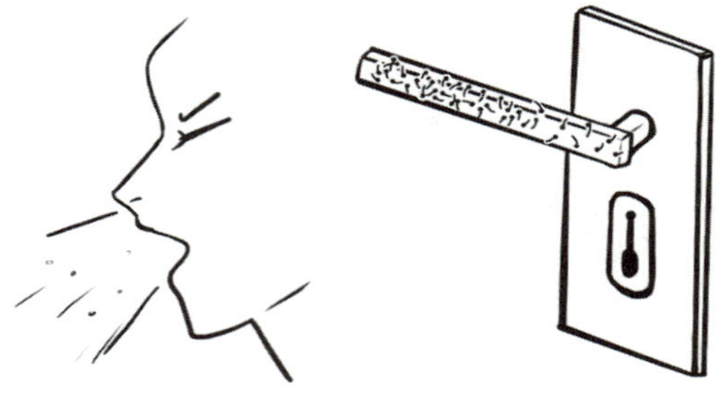

飞沫传播　　间接传播

白喉棒状杆菌对湿热、部分抗生素及一般消毒剂敏感，但它在一般环境条件下受影响不大，所以能在物品上长时间存活。这可怕的“冷血杀手”不仅可通过飞沫传播，也可通过被污染的物品传播（间接传播）。

经过科学家的不断努力，针对白喉棒状杆菌的疫苗相继被研发并在各国推广，使得此种病症的全球病例大大减少。疫苗中的白喉抗毒素可使人对白喉棒状杆菌产生免疫。白喉抗毒素可以阻碍白喉毒素B链的识别作用，使毒性物质A链无法进入细胞。

接种疫苗是目前最有效的预防方法。其中德国医生阿道夫·冯·贝林因为在白喉的血清疗法方面作出的突出贡献，获得了历史上第一个诺贝尔生理学或医学奖，开启了人类征服传染病的新征程。如今，在世界范围内白喉病例的减少幅度已经达到95%，每年新增的白喉病例也大多数发生在撒哈拉以南的非洲，以及印度、印度尼西亚等国家或地区。

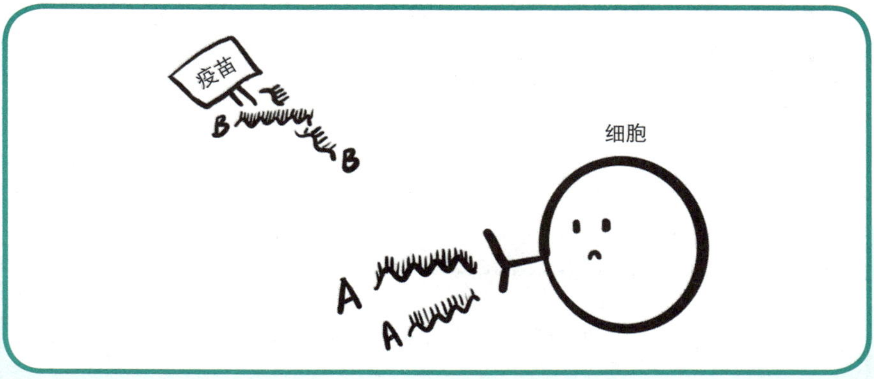

医生的话

接种疫苗是目前最有效的预防白喉的方法。按照国家要求，大家在满一周岁之前都已经由爸爸妈妈带去接种点打完了百白破三联疫苗的三剂疫苗，所以在无特殊情况下不用害怕得白喉。大家如果仍有担忧，可以去问问爸爸妈妈自己是在什么时候接种的疫苗。

参考文献

[1] 张景锋，朱宽佑，徐秋良，等.白喉毒素作用机制及其应用的研究进展[J].畜牧与饲料科学，2017，38（10）：33–37.

[2] 宁桂军，吴丹，李军宏，等.全球2010～2014年白喉、破伤风和百日咳免疫预防和发病水平现况分析[J].中国疫苗和免疫，2016，22（2）：159–164.

破伤风梭菌

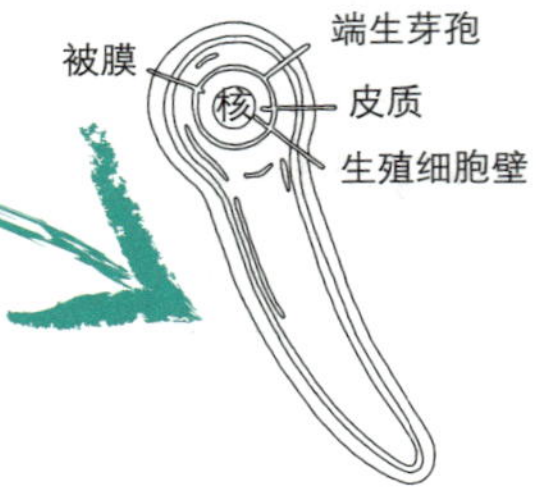

历史回顾

小伤口造成大危害

38 岁的刘先生和大多数人一样，对钉子磕碰等产生的小伤口并不在意，最多贴一个创可贴也就过去了，并没有特别留意。然而在2014年的冬天的一个晚上，刘先生突然出现张口困难和吞咽困难，水都喝不下，接着出现肌肉酸痛、全身乏力，被佛山的医院怀疑有“下颌关节脱位”，随即他转回家乡湖南某县治疗。他觉得自己可能是不小心磕到了下巴，因此并没有特别在意，觉得过几天就会自己好起来。然而 3 天之后，刘先生病情加重，开始出现怕光、抽搐等症状。病情的发展非常迅速，还没等刘先生动身去医院，他就已经开始全身肌肉痉挛，无法自主行动。他的家人立刻拨打 120，随后刘先生被送至湖南省人民医院急诊科抢救。医生为他进行了抗破伤风类毒素、抗感染、解痉、镇静等对症治疗和营养支持。幸好救治及时，刘先生被抢救回来，如再耽搁，就有生命危险。

刘先生在广东佛山从事废品回收工作，他觉得“做这一行受伤出血是家常便饭，不会有点小伤就去医院。”得知刘先生是因为外伤患的破伤风，他的家人感到惊讶。

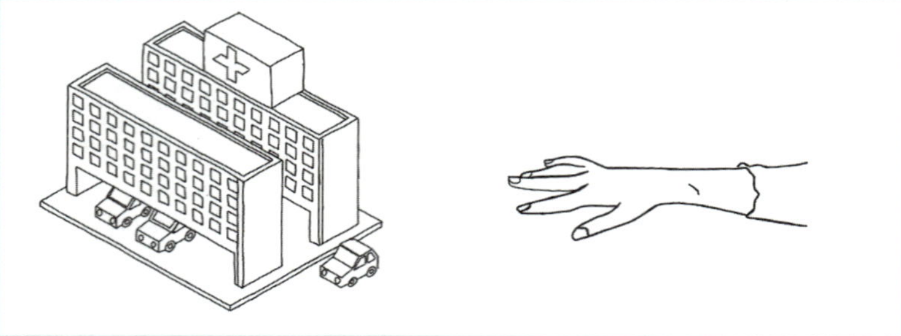

株洲市中心医院感染内科某主任医师称，破伤风在株洲较常见，该院每年收治的破伤风感染者有 3 ～ 5 例，“大部分是在工作中由钉子、钢丝等导致的外伤，还有吸毒者扎的针眼”。

医生说在我们生活的环境中破伤风梭菌无处不在，甚至我们的牙垢中也含有这种细菌，曾经就有一名大爷，因为经常用牙签剔牙，黏膜破损、出血，感染上破伤风，虽然这种只是极少数的情况，大家也要注意，尽量用牙线清洁牙缝，平时剔牙时不要弄出血哦！

在平时的生活中，大家一定要注意及时处理外伤，如果伤口比较深的话，一定要及时到附近的医院进行消毒和清创等处理哦。

破伤风梭菌介绍

破伤风这个名字很早以前就出现了。古人之所以取这个名字，是因为在他们看来，人体破损的地方受到了风的影响，于是产生了破伤风这种疾病，但现在我们知道，看似空无一物的空气中还生活着数不清的微生物们！聪明的科学家们把目光投向了空气中的微生物们，果然他们发现罪魁祸首并不是风，而是环境中一种叫作破伤风梭菌的细菌。

破伤风梭菌是杆菌的一种，但是它的特别之处就在于——它能产生芽孢。芽孢是什么呢？原来啊，破伤风梭菌在环境恶劣时，细菌的主体部分能够脱水浓缩形成一个圆滚滚的小体——这就是芽孢。芽孢包裹在一层坚硬的外衣下，破伤风梭菌的芽孢位于整个菌体的顶端，看起来就像一个鼓槌。可不要小看了这个小小的芽孢，一般的消毒方式都杀不死这些芽孢，要保持在 100 摄氏度的高温下一个小时才能杀死它们。在干燥的土壤和尘埃中，芽孢可存活数年，它们就像冬眠的动物一样，看似乖巧无害，但是一旦有合适的条件，就会马上苏醒过来“为非作歹”。

破伤风梭菌另一个特别之处就在于——它必须在完全隔绝氧气的条件下才能生存。像吸血鬼“见光死”一样，破伤风梭菌是“见氧死”，我们把它称作厌氧生物。同时破伤风梭菌就像一个不爱干净的调皮鬼一样，喜欢住在不干净的泥土、人和动物的粪便以及其他污染物中。因此在这些环境中，往往分布着许多破伤风梭菌的芽孢。

如果我们不小心被不干净的东西如铁钉、刀具等造成了伤口，同时伤口窄而深，例如刺伤，便很有可能被破伤风梭菌的芽孢趁虚而入，在我们的伤口里苏醒繁殖。此外，一些平时不容易被我们发现的外伤也有可能导致破伤风梭菌的入侵，我们也应小心警惕，如木刺伤、草割伤甚至是抠鼻子等导致的伤口。

无情的“杀手”

大家可能会问，这么小的一个伤口里的破伤风梭菌为什么会导致全身性的疾病呢？这是因为虽然破伤风梭菌只在伤口局部繁殖，但它能分泌剧毒！破伤风梭菌在分裂时分泌的破伤风痉挛毒素毒性极强，仅仅 1 克就能杀死数百万人！

破伤风痉挛毒素是一种神经毒素，被破伤风梭菌分泌后能进入血液循环破坏全身神经对肌肉的控制。中枢神经系统就像身体里的“司令官”一样发号施令，支配协调身体的各个部分。而周围神经系统则是传达这些指令的“信号灯系统”，它们能通过控制肌肉的收缩、舒张来控制运动。每一个简单的动作包括呼吸都需要肌肉的正常收缩、舒张来配合。破伤风痉挛毒素破坏了“信号灯系统”，麻痹了神经，肌肉一直收缩无法舒张，便会导致抽搐、痉挛等现象的发生。最早出现的明显症状是由我们的咀嚼肌痉挛所造成的苦笑面容和牙关紧闭。渐渐地人就会像一个机器人一样全身僵硬，肌肉痉挛，同时在外界因素的刺激下发生手脚抽搐等现象，最终多因呼吸肌痉挛窒息而死。由于毒素所造成的损伤是不可逆的，且只需很少毒素便可造成很大的危害，因此不及时治疗便可能危及生命！

为了应对这种危害性极大的疾病，科学家们也是绞尽脑汁研制出了完备的应对方案，发现并提取了预防破伤风的疫苗以及专门对抗破伤风痉挛毒素的药物。人体在感染破伤风梭菌后并不会马上发病，而是有 3 天到 3 周以内不等的潜伏期。如果把疾病比喻成一场战争的话，那么这时破伤风梭菌还在静静地蛰伏，等待最佳的时机出击，因此只要我们尽快去医院及时注射破伤风针，便能把破伤风梭菌的“繁殖计划”扼杀在摇篮中！破伤风针的主要成分是破伤风抗毒素，顾名思义，是能够专门结合、破坏破伤风痉挛毒素的物质，一般需要在受伤 24 小时以内注射，但由于破伤风潜伏期有长有短，所以在 2 周以内注射都是有效的。

破伤风抗毒素只能救急，并不能帮助人体产生长久的免疫力，而另一种更为重要的消灭破伤风梭菌的方式便是——注射破伤风疫苗，让人体自身产生长久的免疫力。

破伤风疫苗是将无毒但是带有破伤风梭菌特征的类毒素注射进人体内，这时人体的免疫系统就会发动一场“演练”——训练专门对抗破伤风梭菌的“精锐部队”；完整记录破伤风梭菌

的特征，制作专门针对破伤风梭菌的“武器弹药”——抗体。当真正的破伤风梭菌入侵时，我们便能有备无患了！

破伤风疫苗注射后产生抗体需要一定的时间，而且一次注射后往往免疫功能还不够强大，需要多次注射，因此必须提前完成注射。为了保护孩子们的健康，防止孩子们感染破伤风后留下可怕的后遗症，我国已普及了破伤风疫苗的注射——也就是孩子们小时候都会打的“百白破三联疫苗”，包括了针对百日咳、白喉、破伤风三种疾病的疫苗。在宝宝出生后 3、4、5、18 月需要分别接种 1 次，在儿童 6 岁时还会再次接种一次加强针，这样就能产生强大持久的免疫力，一般可以保护孩子不受破伤风的威胁 10 年以上，因此大家不用担心，身体里强大的免疫系统会保护你们哟！如果造成了外伤，及时去医院请医生判断处理就可以了。

破伤风梭菌真是我们生活中的“隐形杀手”！但依靠科学家们的聪明才智，再可怕的疾病也有应对的方法，大家觉得科学家们是不是很伟大呢？

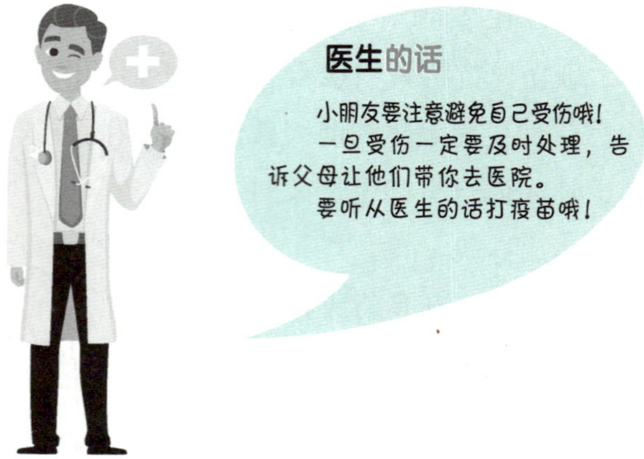
医生的话
小朋友要注意避免自己受伤哦！
一旦受伤一定要及时处理，告诉父母让他们带你去医院。
要听从医生的话打疫苗哦！

参考文献

[1] 朱之琪，焦光宇，孙雪梅.大学生健康指南[M].哈尔滨：哈尔滨工业大学出版社，2003.
[2] 杨贵博，王传林.破伤风预防现状及常见误区[J].创伤外科杂志，2014，16（1）：94-96.
[3] 王传林，刘斯，邵祝军，等.外伤后破伤风疫苗和被动免疫制剂使用指南[J].中国疫苗和免疫，2020，26（1）：111-115，127.
[4] 沈银忠，张永信.破伤风的科学防治[J].上海医药，2012，33（19）：9-12.

真菌篇

开篇语

真菌，不同于植物和动物，是一类较为特殊的真核生物。了解真菌，有助于我们更好地了解大自然，并有效利用真菌的优点，预防真菌所带来的威胁。

真菌是由真核细胞构成，主要分为子囊菌门、担子菌门、接合菌门和壶菌门四种类型。它们各有各的特点：子囊菌门是真菌中最大的类群，担子菌门中包括我们常见的蘑菇和木耳，接合菌门由低等的水生真菌发展而来，而壶菌门真菌能够在水中游动。

真菌的繁殖类型有两种，分别是有性繁殖和无性繁殖。有性繁殖是指真菌的两个性细胞结合之后，其细胞核产生减数分裂，从而产生有性孢子。这些有性孢子主要包括卵孢子、接合孢子、子囊孢子和担子孢子四种类型。而无性繁殖则是指真菌的营养体不经过核配*和减数分裂而产生后代。

真菌在结构上则可以分为营养体结构和繁殖体结构。真菌还处在营养生长阶段时，其结构可称为营养体结构，这时绝大多数真菌的营养体都是可分支的丝状体，我们把单根的丝状体称为菌丝；而当真菌的营养生活进行到一定时期时，真菌就进入繁殖阶段，开始生成一种叫作孢子的繁殖体，分别是有性繁殖产生的有性孢子和无性繁殖产生的无性孢子。

---

* 核配：性细胞核的融合。

真菌与我们的生活息息相关，对人类既有利又有害。一方面，真菌具有免疫原性，如众所周知的青霉素，就是真菌——青霉菌产生的，具有较强的广泛的杀菌功能，这就是真菌对人类有利的典型代表；另一方面，真菌也会引起动植物和人类的多种疾病，造成感染和中毒等。如镰刀菌对小麦、大麦和玉米等农作物产生较大病害，导致大规模减产，同时，被镰刀菌感染的小麦等，被人食用后会引起胃肠道问题，对人类生命健康产生严重威胁，这就是真菌对人类有害的典型代表。

了解真菌的分类、繁殖、结构和作用有助于我们更好地认识和利用真菌。接下来，就让我们来具体了解念珠菌、隐球菌、曲霉、蘑菇、毛霉、抗生菌和酵母菌这七种常见的真菌，在详细的介绍中，加深对真菌的了解。

念珠菌

历史回顾

奶奶经过治疗为什么不见好转?

2020 年的某一天，韩国一位 75 岁的老奶奶被送入了医院。在此之前的一个月，她就由于唇炎而在整形医院住了一段时间的院。在这段时间里，老奶奶接受了一个星期的药物治疗，随后情况稍微有所好转。但是没过不久，老奶奶还是感到嘴唇非常疼痛，甚至出现了肿胀的情况。过了几天，她的嘴唇便出现了红色的溃疡和像奶油一样的斑块。

经过医生的诊断，原来这位老奶奶口腔感染了念珠菌。在随后的住院期间，老奶奶也接受了较为密集的药物治疗。在治疗的前一个月中，老奶奶一直接受一种名为氟康唑的药物治疗，但在疼痛和损害不见好转的情况下，医生便为她更换了一种名为伊曲康唑的药物，治疗的时间长达 2 个月。最后，医生确认了老奶奶没有再次发病的症状，老奶奶康复如初。

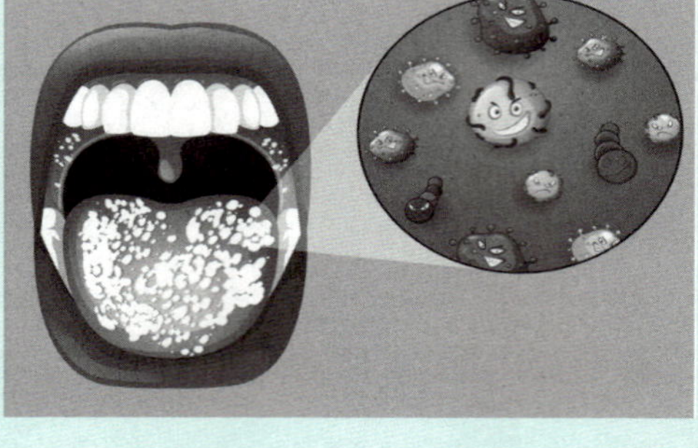

元凶信息

念珠菌无处不在，我们既能在自然环境、生活用品及食品中发现它们的身影，也常常会在我们的皮肤、口腔、胃肠道等处受到它们的攻击。它们有各种各样的形状，圆的、方的都有，有时甚至是不规则形的。

念珠菌的种类有300多种，但大部分念珠菌都过着与世无争的生活，会引起疾病的“坏蛋”只有15种左右，其中最常攻击人类的是其中5个主要种族，它们分别为白念珠菌、光滑念珠菌、热带念珠菌、近平滑念珠菌和克柔念珠菌。其中白念珠菌是最好斗且战斗力最强的种族。念珠菌感染主要会引起我们皮肤、黏膜及内脏的炎症，且它们在任何时候都可以感染任何人，近20年全世界的念珠菌病的发病率有明显上升。

念珠菌要是进入了人体里可怎么办呢？大家不用太过担心，我们身体里有一套很强的防御机制，那就是我们的免疫系统，接下来就给大家讲讲，我们的免疫系统是怎么将念珠菌“军队”一步步瓦解，最终全部消灭的。

我们的固有免疫系统是抵抗念珠菌进攻的第一道防线，其中有几个“专业部队”——我们的上皮细胞、内皮细胞和吞噬细胞，它们首先会进行远程攻击，释放细胞因子和趋化因子，一部分因子去进攻敌军，另一部分则向战场后方，我们的第二道防线——适应性免疫系统去报信拉“救兵”。但是固有免疫系统的细胞们有些顽固不化，它们不能特异性地攻击念珠菌，也就是说，不管敌人如何进攻，它们防御的战术也就那几样，无法根据敌人的情况而改变，所以它们的杀伤力有限。当念珠菌兵临城下的时候，细胞们就会亲自上场，将念珠菌逐个吞噬，但是由于敌众我寡，大部分时候还是会有一部分念珠菌从它们身边溜走，进攻下一道防线。

第二道防线，适应性免疫系统，是我们体内最强大的防御体系，这里的细胞有勇有谋，作战方式多变，无论什么样的病原体入侵，他们都能迅速地作出反应并回击。免疫系统内的细胞根据作战方式不同分为两大类：T 细胞和 B 细胞。T 细胞中最多最有用的就是 Th 细胞，别看它们似乎只是手无缚鸡之力的辅助细胞，固有免疫细胞和上阵作战的适应性免疫细胞在它们的加持下，杀伤力会成倍数增加。它们还会去辅助 B 细胞，可以说是整个“部队”的“灵魂人物”了。B 细胞则是靠研制化学武器——抗体，来杀灭病原体。当然，针对念珠菌，它们也研发了一款“秘密武器”，它的名字有点长，叫抗甘露聚糖抗体，它可以干扰念珠菌对我们体内细胞的黏附，也就是让念珠菌无法接近我们的细胞，从而保护人体。

其他还有一些在保护人体时打游击战的团队，像补体和抗原肽等，我们就不逐一介绍了。

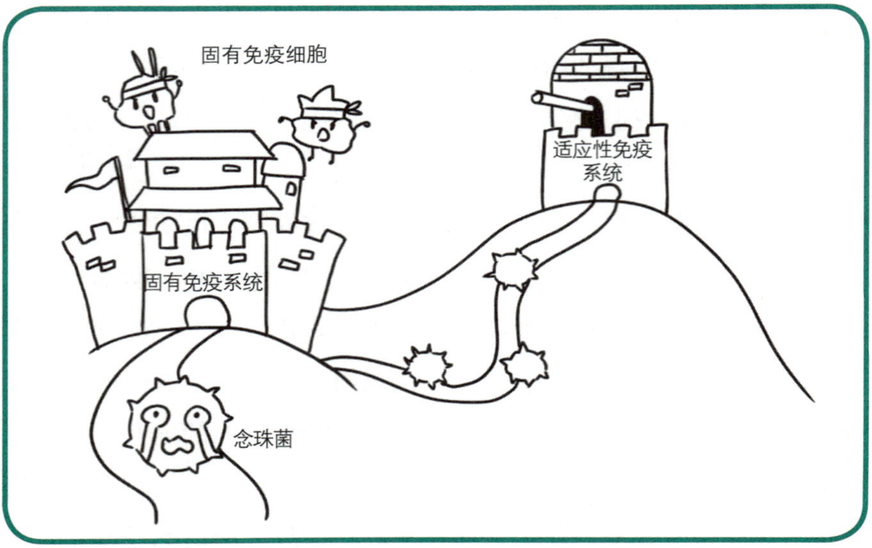

如果我们的免疫细胞输了，我们还是被念珠菌感染了怎么办呢？首先去看医生当然是必需的，一般来说念珠菌病是无须手术治疗的哦，所以大家可以放心啦，只要症状不严重，不用打针也不用住院。医生们会根据感染部位和方式，选择合适的药物，一般来说都是一些药物软膏和栓剂什么的，患者要听医生的话按时用药哦。

最好的方法还是重视疾病的预防，从根源上杜绝念珠菌感染的可能。根据我们的调查，念珠菌喜欢在念珠菌病患者、带菌者以及被污染的食物、水等生活用品上安营扎寨，然后伺机向人类发起进攻。目前我们最重要的任务就是加强自身免疫力且注意个人卫生，让念珠菌无处藏身。

不时作乱的“恐怖分子”

2019 年 4 月，一种名为“超级真菌”的真菌疫情暴发引发了人们极大的恐慌。其实呀，这种“超级真菌”指的是耳念珠菌，在当时的美国，一共有 3 000 多人遭受感染，并且主要表现出发热、疼痛和疲劳等症状，更是有将近一半的感染者在 90 天内相继死亡。

当时国内的民众纷纷表示担忧与恐慌，但实际上，当时中国仅有 18 例感染。曾参与中国“超级真菌”研究的教授表示，公众其实不必过分担心。而且，对于普通的健康人群来说，耳念珠菌其实并没有什么特别大的影响，也不需要高强度的预防。但是，老年人和新生儿这类免疫力低下的人群可经不起耳念珠菌的感染。由于耳念珠菌不喜欢待在空气中，而是喜欢黏附在某一特定的环境表面，所以，医疗机构和养老机构加强对于相关器械的消毒还是十分有必要的。

医生的话
不要因为用药麻烦就逃避用药哦，真菌的感染可是意想不到顽固的。
微生物没有那么可怕哦，只要勤加锻炼，增强免疫力，我们很容易就能战胜它们。
提高免疫力的同时也要注意卫生呀，爱干净的小朋友更不容易接触到这些可怕的微生物。

参考文献

[1] CLANCY C J，CALDERONE R A.Candida and candidiasis[M].2nd ed.Washington，D.C.：ASM Press，2014.

[2] RAJENDRA P.Candida albicans：Cellular and Molecular Biology[M].2nd ed.Berlin：Springer International Publishing，2017.

[3] 倪语星.超级真菌会感染健康人吗[J].康复：健康家庭，2019，5：42.

[4] NETEA M G，JOOSTEN L A，VAN DER MEER J W，et al.Immune defence against Candida fungal infections[J].Nat Rev Immunol，2015，15（10）：630-642.

[5] T TH R，NOSEK J，MORA-MONTES H M，et al.Candida parapsilosis：from Genes to the Bedside[J].Clin Microbiol Rev，2019，32（2）：1-38.

隐球菌

历史回顾

不幸的小蒲

小蒲是一名 25 岁的建筑工人，平时身体非常健康。

3 个月前小蒲没有任何征兆地出现了腰痛，起初他以为是体力劳动引起的腰椎间盘突出，没有引起重视，不料疼痛却日渐加重。由于病情明显影响工作和生活，小蒲扛不住，终于来到医院。

然而一套检查做完，小蒲却得到一个天大的噩耗：他的腰椎上有可能有恶性肿瘤。正值青年的小蒲是家里的顶梁柱，这个消息无异于一记当头棒喝，让小蒲的家庭笼罩一片愁云。

然而，万幸的是，后续的检查否定了肿瘤的可能，小蒲最终被怀疑是真菌感染。可是，在医生先后用多种抗真菌药物治疗了 2 个多月后，小蒲的腰痛却一直“阴魂不散”，甚至明显加重了。难道不是真菌感染而是别的问题？想到之前被告知的“恶性肿瘤”的可能性，小蒲始终放心不下，最终决定去上级医院重新检查。

第二次检查时，医生们对小蒲的样本进行了详细分析，并对组织内的细胞逐一检查，最后终于找到了致病的罪魁祸首——隐球菌。

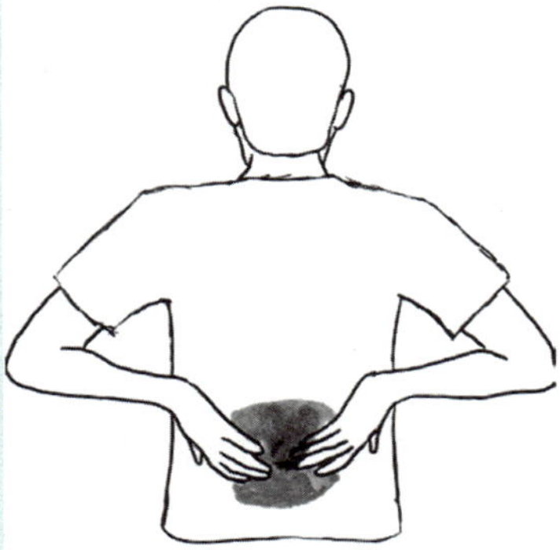

由于隐球菌的外部具有一层厚厚的荚膜，就像穿上了一件“隐身衣”，在医生们通过染色标记微生物的时候很容易被它逃过，所以除非像第二次检查一样对显微镜中的微生物进行逐一查找分析，否则极易漏检。

无独有偶，郭阿姨经历了与小蒲类似的波折。67 岁的郭阿姨平时在家做点农活，身体健健康康，却被一场疾病打破了平静的生活。一年多以前郭阿姨突然出现左侧背部明显疼痛，去医院检查被告知可能是四处转移的恶性肿瘤。接到这一如晴天霹雳的消息，郭阿姨和家人正在绝望时，又等到了一线希望：病理结果提示并非恶性肿瘤，而是真菌感染。结合郭阿姨曾饲养鸽子 4 月余的经历，医生们做了进一步的检查，确认为隐球菌感染。

疾病元凶

隐球菌导致的疾病，在全球范围内都常有发生，主要影响艾滋病或其他免疫系统缺陷疾病患者。在非洲，每年约有 100 万人患病，并约有 6.5 万人因隐球菌而死亡。

从上面的例子中我们不难看出，隐球菌是一种极其善于“隐藏”的真菌。它可以轻易地逃过医生们常用的染色标记，并常常导致误诊。此外，它厚厚的荚膜不仅是一件“隐身衣”，同时也是一件“防弹衣”，可以保护它免受外界的攻击。因此，许多针对真菌的治疗药物对它都没什么用。

隐球菌喜欢生长在干燥的鸽粪和土壤里，也可存在于人体的体表、口腔及粪便中，通过肺部扩散到全身。肺部隐球菌感染的治疗一般效果很好，但如果在隐球菌感染后由于没有重视或者其他原因患者没有得到及时的治疗，它就可以进一步侵袭各个内脏器官，包括我们的皮肤、骨头等均可受到牵连，其中最易侵犯的是中枢神经系统。隐球菌向中枢神经系统的扩散可以引起慢性脑膜炎。而到了这一步，常规的治疗往往无法取得特别好的效果，若还不治疗甚至会导致死亡。

鸽子是隐球菌传播的重要媒介，这一点从郭阿姨的经历中不难看出，而事实上，关于隐球菌感染的原因，鲜有人与人之间传播的报告，多数患者都是在直接或间接接触了鸽子的粪便后患病的。因此家里有常年养鸽子的小朋友们要注意安全，在喂食完鸽子之后要立刻洗手，并注意平时生活中的卫生。如果感到身体不舒服、咳嗽，要引起重视并立刻去医院就医。

医生的话

小朋友们喂完鸽子一定要及时洗手哦。

感到身体不舒服时要及时和爸爸妈妈说，让爸爸妈妈带你去医院。

参考文献

[1] 祁傲，胡慧敏，陈世平.隐球菌耐药机制研究进展[J]. 检验医学与临床，2022，19（6）：845-847.

[2] 覃榜娥，刘佳，彭福华，等.隐球菌脑膜炎患者感染后炎性反应综合征[J]. 中华神经科杂志，2021，54（11）：1198-1202.

[3] 宋英，邱玉芳，刘惟优，等.隐球菌致病的免疫学机制研究进展[J]. 赣南医学院学报，2019，39（4）：417-421.

[4] 曹林，沈继录.隐球菌检验方法的应用[J].中国感染与化疗杂志，2018，18（1）：113-117.

曲霉

历史回顾

大白鹅为何无精打采？

2017 年，张先生开了家养殖场，其中大部分动物是可爱的小鹅们。可是有一天，他突然发现这之中的很多只鹅打不起精神，连进行正常的呼吸也很困难，更是不愿意吃东西。随后，出现这种情况的鹅越来越多，张先生十分担忧，于是急忙去请了兽医来进行诊断。

兽医经验丰富，为了观察小鹅们生活的环境，一开始就绕整个养殖场巡视了两三次。来到饲料仓的时候，兽医立马就注意到了这些饲料有发霉的现象。为了进一步调查确认，兽医便尝试使用青绿饲料投喂鹅，发现患病鹅的食欲有所上升。在综合各项观察结果后，兽医得出结论：这些鹅因为食用了发霉的饲料，从而感染了曲霉。

在兽医的指导下，张先生立即停止给鹅喂发霉的饲料，改用质量较好的稻谷，并给足青绿饲料；在药物方面，利用制霉菌素进行防治。最后，患病的鹅恢复了正常的模样，养殖场也重现了往日的生机。

曲霉的介绍

小鹅好可怜啊，居然被小小的真菌欺负了。想要给小鹅报仇吗？但是曲霉是什么呢？我们也会被它感染吗？下面，我们就来一起了解一下曲霉吧！

曲霉属于典型的丝状菌，占空气中真菌的 12% 左右，主要以枯死的植物、动物的排泄物及动物尸体为营养源。它是发酵工业和食品加工业的重要菌种，已被利用的有近 60 种。

曲霉可以分解蛋白质等复杂有机物，在酿造业和食品加工业的应用十分广泛，是人类的好帮手。2 000 多年前，我国人民就掌握了利用曲霉来制作酱的原理，民间酿酒造醋，也离不开曲霉的帮助，至于调味品豆豉，也是黄豆经曲霉分解后的成果。此外，还有米曲霉、酱油曲霉等。现代工业对于曲霉的利用可以说是更上一层楼。利用曲霉，人们可以生产各种酶制剂、有机酸，以及农业上使用的糖化饲料。

当然，曲霉也并不全是一些“好家伙”。例如，黄曲霉中某些菌株是会产生黄曲霉毒素的。该种毒素不仅会造成家畜中毒，还会危及人类的性命。如果一次性摄入过多的黄曲霉，就会有死亡的风险。如果长期摄入该种毒素，则会破坏内脏组织、诱发肝癌。

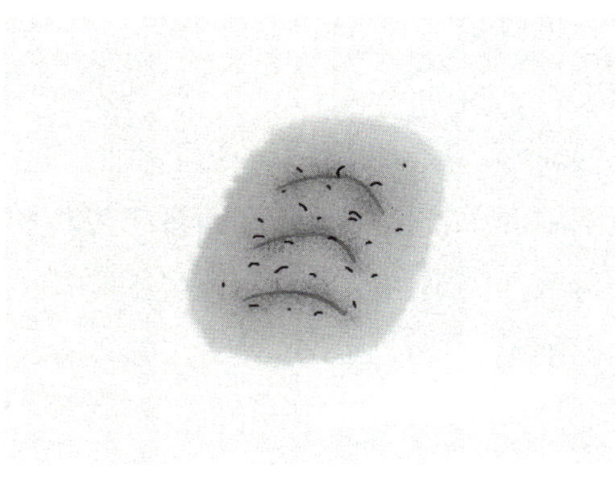

不知道大家有没有发现放久了的食物表面有一些灰绿色的、松松散散的物质呢？没错，这就是生活中常见的黄曲霉菌落啦！它的菌落生长比较快，结构也相对疏松，表面呈灰绿色，背面没有颜色或者泛有淡淡的褐色。而这种产生毒素的黄曲霉常常见于发霉的粮食、粮制品及其他霉腐的有机物上，如果大家家里的馒头、面包等食物发了霉，就千万不要再食用了呀！

人类和动物除了容易遭受黄曲霉的感染外，还会经受大约 20 种曲霉的袭击，其中常见的有烟曲霉、土曲霉和黑曲霉等。曲霉孢子平常在空气中乱晃，就有可能被我们吸入到身体里，如果我们的免疫力弱的话，就会感染致命的侵袭性肺曲霉病（IPA）。近年来 IPA 的发病率越来越高，已经是仅次于念珠菌病的主要肺部真菌感染性疾病，并造成许多人去世。但是大家不必过于害怕，因为我们的身体本身就可以抵挡一定量的曲霉：机体针对曲霉包括固有免疫系统和适应性免疫系统两道防线。

对于免疫力正常的成年人来说，呼吸道的固有防御防线主要由两部分组成。第一个防御工程是上皮细胞层。在最前线的勇士是黏液层，它们包括柱状上皮细胞、基底细胞及杯状细胞、浆液细胞等产生的各种蛋白质。我们的气管和支气管的管壁上还有大量纤毛，也正是纤毛将这些曲霉送上战场，之后再由黏液层中具有杀灭细菌和真菌能力的蛋白对曲霉进行阻拦，之后再由具有吞噬能力的细胞——吞噬细胞对其进行杀灭，也就是固有防御功能的第二个防御工程。在呼吸道固有防御防线中，吞噬细胞选择性地吞噬和杀灭真菌孢子，这可以解决掉大部分的曲霉。成功逃离第一道防线的孢子可以出芽并长成菌丝。中性粒细胞和单核细胞黏附在曲霉上发挥防御作用。此外，还有许多细胞可以分泌细胞因子，用以吸引身体内的中性粒细胞、单核细胞和淋巴细胞增援前线，这就进一步增强了我们的抗真菌能力。

然而，对于免疫力弱的小朋友们来说，就要多加注意了。对于他们来说，吞噬细胞的能力大部分或完全消失，这意味着他们很容易患上侵袭性肺曲霉病。尤其是目前医生和科学家们并未制订出完整的治疗方法，只发现了两性霉素 B、伏立康唑、卡泊芬净、伊曲康唑等药物对该疾病有抑制作用，但具体用量只能取决于个体的免疫状况、治疗反应、康复情况等。也就是说，治疗的作用主要取决于个体的自身免疫状况，比如中性粒细胞的数量和功能、免疫抑制能否恢复，以及曲霉的感染程度等因素。所以，大家一定要注意多锻炼身体，培养良好的饮食和作息习惯，以此来增强自己的免疫力，才能最大限度地预防这些由曲霉导致的各类疾病哦。

谣言背后的真相

2016 年，一则视频在社交网络上飞速传播，并引发了网民的激烈讨论——某品牌纯牛奶被查出黄曲霉超标。黄曲霉的毒性很强。在所有的植物中，黄曲霉毒素较容易污染的就是小麦、玉米、大米和花生。如果人们在很长一段时间内不断摄入含有黄曲霉毒素的食物，如发霉的花生和谷物等，导致毒素在人体内累积，那么他们极有可能会患上癌症，严重者甚至会死亡。

人们在听到这则消息后纷纷慌乱不已，该公司也遭受了巨大的损失。然而，实际上，中国乳制品工业协会指出了这是一则谣言，

造谣的人更是已被警方关进了监狱。

另外，虽然黄曲霉毒素具有很强烈的毒性，但通常人们必须一次性进食大量含有黄曲霉毒素的发霉食品，才会产生急性中毒的状况。所以，在人类中常见的黄曲霉毒素中毒的原因一般都是前面提到的——长时间并且持续摄入而导致的慢性中毒。

医生的话

1. 加强身体锻炼是提升免疫力最为有效的途径之一。

2. 只有一次性摄入过量的黄曲霉毒素才会导致人体中毒。

参考文献

[1] 荣令，周新.侵袭性肺曲霉病发病机制研究进展[J].中国呼吸与危重监护杂志，2008，7（2）：152–155，151.

[2] 王宇霞，夏欣华.一例重症侵袭性烟曲霉感染并发多脏器功能障碍综合征的护理[J].天津护理，2017，25（4）：364–365.

[3] 曲霉[EB/OL].[2021–01–26].https//baike.baidu.com/item/曲霉/3389949.

蘑　菇

历史回顾

认识蘑菇

“红伞伞白杆杆，吃完一起躺板板。”这首脍炙人口的童谣就是在告诉我们，看着乖巧可爱的蘑菇可不能随便乱吃，它里面可能藏着要人性命的毒素。为什么蘑菇五彩斑斓、各式各样？为什么它们有的有毒，有的却可以端上餐桌成为我们的美味佳肴呢？自然界中的小蘑菇是一种神奇的生物，让我给小朋友们细细道来。

蘑菇常常长在山林间，看着像一把矮矮的小雨伞。说它像花呢，它又没有茎，说它像草呢，它又没有叶子。这是因为蘑菇是一种叫作真菌的生物，我们能看到的长在地上的部分不过是它的一部分，可以理解成它的躯干，但在地底下，扎根着它真正的“根”——密密麻麻的菌丝，它们才是小蘑菇的本体，犹如成千上万根数不清的手臂，可以延伸到很远很远的地方为蘑菇收集营养物质，也就是说，即使把蘑菇地上的部分拔掉，过不久，地下的菌丝们又会长出来聚成一个个新的小蘑菇。

蘑菇光滑艳丽的一面翻过来是一道道凹凸起伏的皱褶聚合形成的菌褶，可不要小看了这里，这可是有大作用的。蘑菇们就小心翼翼地把自己的孩子——孢子养在这里并且保护起来，就像一个合适的温箱一样，等到时间合适，就把孢子们放飞，这样就能长成新的蘑菇了！是不是很神奇呢？总的来说，蘑菇由菌盖、菌褶、菌柄三个部分组成，菌盖就是那把小小的伞，菌褶则是指翻过来有皱褶的一面，而菌柄则是指像伞柄一样的部分，有些蘑菇菌柄的最下端还会变粗形成像托盘一样的东西，我们叫它菌托，它能帮助蘑菇在地上的部分稳稳地站住。

蘑菇的前世今生

其实蘑菇除了人们常见的伞状外，还有棒状、球状、珊瑚状、耳状、脑状，而菌盖的形态和颜色也是多种多样。蘑菇们生长的地方也可谓是多种多样，可以长在木头上、长在潮湿的土里、长在大树的根上。有些性格比较挑剔，比如鸡纵菌只能和白蚁共生，有些则是随处都能“生根发芽”，比如台阶缝里，甚至家里潮湿的柜子缝里，都有可能发现它们的身影。

早在几千年前，我们的先辈们就给这些长得奇形怪状的真菌起了个名字——蕈。什么是蕈呢？《说文解字》中这样写道：“桑萸也，萸之生于桑者曰蕈，蕈之生于田中者曰菌尗。”萸，即木耳，古代泛指一切食用菌；尗，与菌搭配，通指蕈类植物。这句话的意思是：生长在植物上的木耳叫蕈，而生长在田里的蕈叫菌。《康熙字典》则说道：“蕈，地菌也。”可见先辈们在很早的时候就观察到了这种神奇的生物。

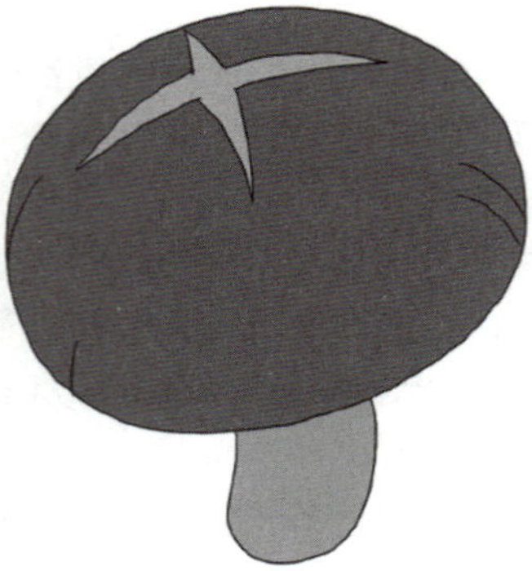

其实早在人类出现之前，蘑菇们就已经靠它们顽强的生命力在土壤中扎根，但人们开始食用蘑菇的历史可以追溯到数百年前。

早在宋朝时期，有一个叫吴三公的人，他在深山老林里生存，看到蘑菇很新奇，偶然尝了一口觉得味道很不错，想试着自己种蘑菇出来，他仔细观察了蘑菇的生长环境。他发现蘑菇长在朽木上，而且还有一个规律，一下完雨、一打完雷蘑菇就会变多，于是，他用斧头在木头上凿点口，喷点水，过一段时间用斧头敲击一下木头，这样不用打雷下雨木头就能长出蘑菇了。吴三公因为发明了最早培育蘑菇的办法被浙江、福建一带的菇农奉为“菇神”。

蘑菇的好处和挑选方法

可食用的蘑菇们富含营养，它们不仅味道鲜美还富含多种氨基酸，常食用可增强人体的免疫力，并且食用菌还能起到美颜润肠的功效，比如杏鲍菇，它含有丰富的膳食纤维，能够帮助我们消化，对人体可以说是大有裨益的。同时，菇类还是高蛋白、低脂肪的食物，含丰富的维生素与矿物质，对人体的保健具有十分重要的作用。

如何选择正确的蘑菇食用，这里面可就大有学问了。别看蘑菇小，它的种类有数万种，但只有很少的一部分可以供我们食用，剩下的很多就像毒药一样，可能小小的一朵吃下去就能要了人的命。我国常见蘑菇有 4 000 多种，其中毒蘑菇有 480 多种，多种毒蘑菇和食用蘑菇形态极其相似，连菌类专家都可能难以用肉眼辨认，因此千万不能采食野外的蘑菇，以免误食毒蘑菇。

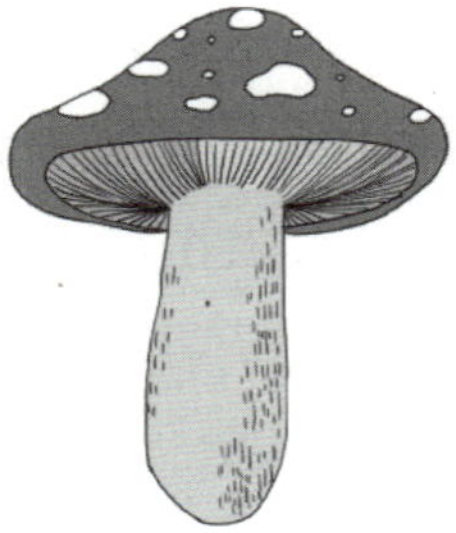

一旦误食了毒蘑菇，最先出现的症状通常是恶心、呕吐、腹泻等胃肠道不舒服的反应，持续 1 ～ 2 天症状会突然消失，好像疾病痊愈了，但随后几天就会出现少尿、无尿、恶心、黄疸等严重的脏器衰竭症状，因此，如果食用蘑菇后出现不适现象应立即到正规医院就诊，不可存在侥幸心理耽误病情。

尝试一下自己养蘑菇吧

如何在家里培育出蘑菇呢？小朋友们可以试一试哦：第一步用培养料培养出菌蕾，应注意避免光照、温度适宜、扎口密封。具体来讲可以在家选择一个光线较暗，温度恒定不变的地方放置培养料，比如卫生间、储存间、壁橱等。这个阶段培养料很容易受到杂菌的感染，所以要把袋口扎好，直到菌团冒出。每个家庭室温不同，本阶段历时 7 ～ 15 天均为正常。菌团冒出就是菌蕾开始发育的良好征兆。第二步为培养子实体，应注意增加光照、喷水保湿、开口培养。把培养料挪到一个光线柔和的地方，适当增加光照，但又不要在强光下直晒。这个阶段需要敞开袋口培养，冬春季节干燥异常，所以需要每天喷水 3 ～ 5 次。温度不够只会让菌蕾发育较慢，而温度过高则会导致菌蕾枯死，湿度不够也很容易让菌蕾夭折。每个家庭温度、湿度不同，本阶段历时 7 ～ 14 天均为正常。子实体培育阶段湿度要达到 90%，否则容易干枯。如果光照不足，蘑菇就会只长菌柄、不长菌帽，所以要增加光照。如果前期光照不足，可以用台灯来补光。第三步为采摘和后期管理，注意采摘干净、冰箱冷藏、扎口培养。我们吃掉的蘑菇，被称为子实体，其实是蘑菇的繁殖器官。菌蕾一旦开始发力疯长，短短几天内就可以长到可以食用的程度，这时要及时采收，可以直接用手把蘑菇掰下来！

基部清理干净之后，要重新将培养袋扎口，放进冰箱内冷藏24小时后，再拿出来重新按照第一阶段的方法来培养。冷藏的奥秘有点像高等植物经过一个冬天再回到春天，有利于菌蕾再次发育长出。

医生的话
野外遇到的漂亮蘑菇不可以随便采摘和食用哦。

毛霉

历史回顾

进入肺部捣乱的毛霉菌

2011 年 9 月，48 岁的张女士已经咯血 6 个月了。在这 6 个月里，她总是感到呼吸不畅和胸口疼痛，咯血的病情更是不断加重。本来没有把这件事放在心上的张女士，这天在家人的帮助下，来到了当地的权威医院进行检查。

耐心的医护人员们对她进行了多项检查，几天以后，检查报告显示张女士肺部坏死的组织上有大量菌丝，经进一步检查后确定为毛霉菌丝体。原来，她患上了一种由毛霉引起的肺部感染性疾病。不幸的是，由于张女士没有及时接受治疗，在入院后的第 7 天，她再次出现了大量咯血的症状。而这一次抢救无效，她也永远离开了人世。

解密！毛霉的入侵计划

毛霉究竟是怎么一步步地攻击我们的身体，让我们生病的呢？

首先，毛霉会先想尽各种办法进入我们的身体。它们最喜欢从呼吸道进入人体，鼻腔感染占据临床感染的 1/3，而肺部感染也占据了 1/3。如果毛霉孢子被阻拦在呼吸道了，那它这时候就会选择寄生在其他地方，而不是继续深入入侵我们人体。但是这可不意味着万事大吉了，因为这样也意味着毛霉会造成呼吸道周围组织的发炎，也就是发红、肿胀、发热，还会让我们感到疼痛，甚至导致这部分的细胞坏死。这时，如果不进行手术把坏死的部分切除掉，时间久了后，毛霉就会找机会出芽形成菌丝侵入像鼻黏膜或鼻旁窦这样的组织。当它们入

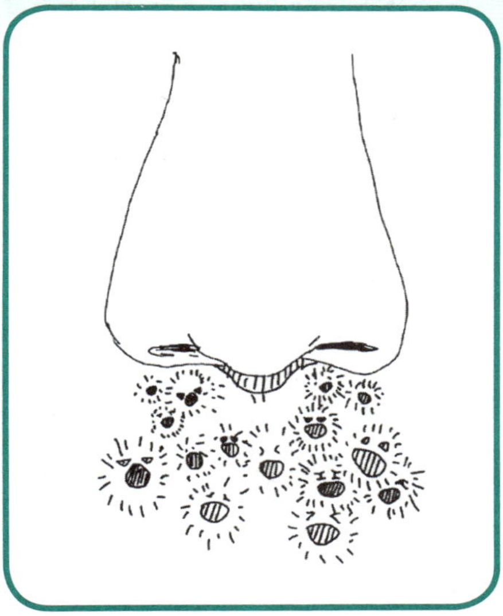

侵这些组织后，便兵分三路：或选择向上行进，通过人体一个叫作筛板的地方到达脑额叶；或向后行进，进入眼眶，最后进入脑中；或向下进入人体的肺部。

尽管毛霉如此“无孔不入”，但是我们人类也有很强大的防御措施来应对它们的入侵。经过科学家们的多年研究，他们发现，真菌入侵组织时有比较显著的特点，其中最明显的便是出芽形成菌丝。而我们的身体是怎么防止真菌感染的呢？主要是通过抑制毛霉孢子出芽和杀死毛霉孢子这两种方式。目前研究表明，这两种防御措施可以由我们身体中的不同细胞来完成，而想要防止得毛霉病，就需要依赖我们身体中的一种叫作肺泡巨噬细胞的“警察”来抑制毛霉孢子出芽，但是我们的身体并没有直接杀死毛霉孢子的能力。

怎样打倒会让我们生病的毛霉?

接下来，我们来了解一下毛霉感染以及治疗、预防方法。

毛霉感染经常会发生在我们的鼻子、眼睛还有耳朵等部位，然后去进攻我们的肺部，我们可能会出现发热、咳嗽、胸闷、气短的症状，它还有可能会通过筛板悄悄潜入我们的大脑，引起脑膜炎，而且毛霉感染发病急、病程短，医生们也无法快速诊断，所以做好预防是重中之重。要是小朋友们发现身上出现了好像被毛霉感染的症状，一定要让爸爸妈妈带着你们及时就医哦。

到了医院后，医生们一般会让患者服用一些抗真菌药物，同时，患者平时还应该多休息，不要过度劳累。如果病情实在危急，迫不得已，医生还可以做外科手术，将毛霉感染部位的坏死组织彻底切除，来进行治疗。听上去很可怕是不是？但是不用太担心啦，毛霉感染人体是有条件的，只有当我们的身体免疫力低下并且极度虚弱的时候，毛霉才能侥幸逃脱免疫细胞的追捕，让我们患上疾病。

但是预防措施还是非常重要的哦！另外，大家平时也应该要注意讲究卫生，饮食要注意清淡，不食用辛辣、油腻、生冷等刺激性的食物。为了增强我们自身的免疫力，大家可以适量地进行户外活动，锻炼身体，增强体质，并遵医嘱补充一些维生素，这样就算毛霉进入了我们的身体，那也只会是自寻死路啦。

趣 闻

纪录片《舌尖上的中国》曾向大家分享过徽州的特色美食毛豆腐。毛豆腐的形成跟上文介绍的毛霉密切相关，那就让我们一起来看看这种美食的制作过程吧。

人们主要采用人工发酵的方法，让原本光滑的豆腐表面生长出一层白色的茸毛。这些白色的茸毛也就是我们所说的毛霉，经过发酵，豆腐里面所含有的植物蛋白能够转换为多种多样的氨基酸，从而能够为食物带来更好的味道与更丰富的营养。

但是，毛豆腐是一种偏寒性的食物，大部分胃寒的人并不适合食用毛豆腐。另外，容易拉肚子和经常感觉腹胀的人群也应该减少吃毛豆腐的次数。

医生的话

1. 生活中要讲卫生，要尽量不食用辛辣、油腻、生冷等刺激性的食物。

2. 毛豆腐虽美味，但也不要贪吃哦！

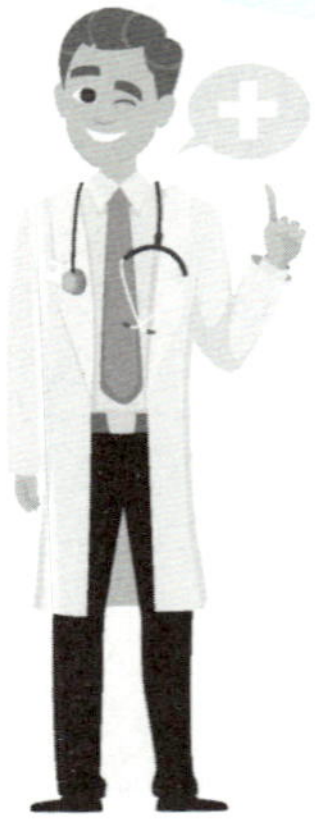

参考文献

[1] 王桂琴，强华.医学微生物学[M].北京：中国医药科技出版社，2016：283.

[2] 黄晓军.血液内科[M].北京：中国医药科技出版社，2014：123.

[3] 贾练，梁宗安，刘丹，等.18例肺毛霉菌病的临床特征与诊治分析[J].实用医院临床杂志，2016，13（3）：90–92.

[4] 吴挺.肺毛霉菌病25例临床高危面素特征及预后分析[D].杭州：浙江大学，2019.

[5] 毛豆腐[EB/OL].[2007–10–21].https：//baike.baidu.com/item/毛豆腐/8556820.

抗生菌

历史回顾

抗生菌介绍

在看过前面许多细菌和真菌的介绍后，可能大家会想问，是不是所有的细菌和真菌都是对人类有害的呢？当然不是啦，下面我们就来给大家介绍一群对人类的生存和发展有很大帮助的细菌和真菌们，它们有一个响亮的名字，相信大家或多或少也听说过，它们就是——抗生菌！

抗生菌是一群能够抑制别的微生物生长发育，甚至杀死别的微生物的真菌和细菌。微生物世界和人类世界一样，也存在优胜劣汰，所以一些抗生菌为了生存下来，研制出了自己的秘密武器：抗生素。它们通过释放抗生素来抑制甚至杀死其他细菌。这时候有些反应快的小朋友可能就会好奇了，既然抗生素这么厉害，那是不是可以用来杀灭我们体内的有害细菌呢？答对啦，目前医生们在治疗细菌感染时常常会使用一种药物——抗生素。抗生素这个名字可能大家有点陌生，但是头孢菌素（简称头孢）、青霉素还有阿莫西林大家一定听说过，它们都是抗生素类药物。人类借用抗生菌的武器并加工制成保护自己的药物，是不是很聪明呢。

抗生素使那些曾经可能是致命的细菌或真菌感染类疾病变得易于治愈，有学者认为，抗生素使人类的平均寿命提高了十岁，下面我们就以青霉菌为例给大家介绍一下抗生菌的故事。

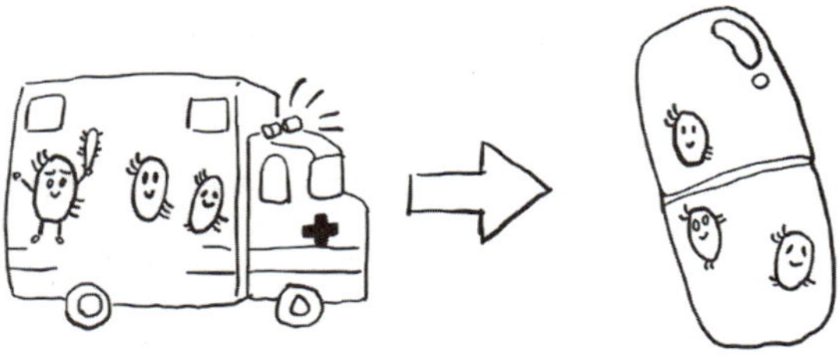

抗生素的“撒手锏”

抗生素杀灭其他细菌主要有三个“撒手锏”：攻破“城墙”、烧毁“粮仓”和阻挠传代。

攻破“城墙”是指破坏细菌的细胞壁，击毁它们的防御措施，让细胞壁外的水渗入细胞内，细菌就会膨胀变形，最后凋亡，我们常见的青霉素还有头孢都是用的这一招来杀灭细菌。第二招就是烧毁细菌的“粮仓”，阻挠其合成蛋白质，我们知道蛋白质是人体必需的营养成分，不仅如此，蛋白质就像细菌的食物，对它们的生存来说也是必不可少的。而抗生素不让细菌合成蛋白质就会导致它们营养不良，最后饿死。最后一招就是阻挠细菌传代，让它们在人体内断子绝孙。我们都知道细胞的繁衍是通过遗传信息的复制和转录完成的，细菌也是如此，抗生素则直接打断细菌遗传信息的复制和转录，让它们孤立无援，“菌不聊生”，最后统统被围剿消灭。

我们都希望抗生素杀死细菌的故事就这样快乐地结束，但是我们的超级英雄抗生素也有两个无法回避的弱点，希望大家打起精神，牢记于心哦。

第一点，抗生素虽然厉害，但是它的精确度并不好，也就是说，它没有办法向某种细菌发动精确打击，而是像地毯式轰炸一样，对一大堆细菌进行无差别攻击，统统炸上天，在致病菌被杀死的同时，一些勤勤恳恳，对人体有益的健康小细菌也会“无辜躺枪”。这就可能使我们肠道里栖息的许多正常细菌被杀死而产生菌群的失调。举个例子，我们常用的头孢，可以消灭的细菌高达20种，但往往我们需要消灭的细菌只是其中的一种或两种，但头孢可不管，它本着“宁可错杀三千，不可放过一个”的态度，在我们的体内滥杀无辜，让我们体内的有益菌瑟瑟发抖，叫苦连天。

第二点，也是抗生素最让人类头疼的一点，就是耐药性。试想一下，在抗生素的地毯式轰炸过后，如果致病菌没有被完全消灭，那么活下来的是哪些呢？没错，就是那些对抗生素有更强的抵抗力的佼佼者，也就是进化版的致病菌。而这些进化版的致病菌经过不停地复制繁衍再进化后，让整个菌群都更加强大，拥有更加坚固的防御措施，当它们再次遇到同种抗生素后，对它们老掉牙的招数早就有所防备，往往表现出极强的战斗力和生命力，它们一边唱着歌一边轻轻松松收拾掉往日的“仇人”。

抗生素滥用带来的危害十分严重，为了防止上述情况发生，抗生素类药物往往只有凭借处方才能买到，所以当大家生病之后，只有医生给大家开抗生素大家才吃，不要“一言不合”就上头孢。

被感染时的好帮手：青霉素

2017 年的夏天，刚刚高中毕业的小张和他的朋友们来到了四川，开启了他们的假期旅游。小张不太能吃辣的食物，在连续多日食入偏辣的四川特色火锅后，他开始觉得嗓子不太舒服。再加上旅游期间，大家的心情都比较兴奋，小张这几日的作息也并不规律，经常到很晚才入睡。过了几天后，不论是咽口水还是饮食，他都感到嗓子愈发疼痛起来。一天早上，朋友们发现小张连说话的声音也变得十分沙哑。

为了查明原因，担心他的朋友们随他一起去了最近的医院进行检查。医生判断，由于细菌感染咽部，小张得了一种名为急性扁桃体炎的疾病，并给他开了青霉素 V 钾片配合其他药物一起治疗，还嘱咐他清淡饮食和规律作息。两三天后，小张的病情有了明显的好转，不到一周，小张就已经能继续跟朋友们快乐地享受假期了。

看到这里，相信聪明的小朋友们已经猜到小张的病是怎么被治好的吧？对啦！就是抗生素在发挥它们的巨大本领，它们帮助小张身体内的免疫系统击败了感染的细菌，让小张的旅行得以继续。

青霉菌的利用史

青霉素作为青霉菌产生的抗生素，在当今的医学治疗中占有重要地位。它的发现可以追溯到距今将近一个世纪以前的1928年。当时在英国伦敦圣玛丽医院工作的细菌学家亚历山大·弗莱明教授，有一次，他无意中把一块带有青霉菌和其他细菌菌落的培养皿平放在了医院的窗台上。不久以后，在这块培养皿上长出了一团团青绿色的霉斑。更出人意料的是，这些青绿色霉斑附近的细菌要么死亡，要么枯萎。这个奇怪的现象引起了弗莱明的极大兴趣。弗莱明不断实验，反复研究，终于找到了答案，原来那种形成青绿色霉斑的青霉菌，能够分泌出一种抑制细菌生长甚至杀死细菌的物质，弗莱明把这种物质命名为青霉素。

青霉素的发现是出于弗莱明教授的一次无意举动，青霉素的提纯和大量临床应用却可以追溯到一个烂掉的西瓜。1941年，青霉素提纯的接力棒传到了澳大利亚病理学家瓦尔特·弗洛里的手中。有一天，他走进了街边的一家水果店。为了判断西瓜的好坏，他弯下腰，伸出示指敲敲这只，又敲敲那只，然后随手抱起几只，交了钱后刚要走，忽然瞥见柜台上放着一只被挤破了的西瓜。这只西瓜虽然比别的西瓜要大一些，但有几处瓜皮已经溃烂了，上面长了一层绿色的霉斑。弗洛里盯着这只烂瓜看了好久，随后放下怀里的西瓜，捧着那只烂西瓜走出了水果店。回到实验室后，他立即从瓜上取下一点绿霉，开始培养菌种。实验结果出来后，弗洛里惊喜地发现从烂西瓜里得到的青霉素，竟从以往培养皿里的每立方厘米40单位一下子猛增到200单位。于是，在1943年10月，弗洛里和美国军方签订了首批青霉素生产合同。青霉素在二战末期的横空出世，迅速扭转了战局。战后，青霉素更得到了广泛应用，拯救了数千万人的生命。因这项伟大发明，弗洛里和弗莱明等人共同获得了 1945 年的诺贝尔生理学或医学奖。

医生的话

1. 抗生素虽好，可不能滥用哦。

2. 很多事情往往都有两面性，就像真菌也能为人类作出贡献。

3. 如果身体出现疾病，不要自己去药房随意买药吃，一定要去医院根据医生的处方来吃药。

参考文献

[1] 刘若莹.抗生菌的营养生理与新抗生素的筛选[J].抗生素，1984，3：183–188.

[2] 项竹安，李自法，吴雁，等.“5406”抗生菌代谢产物的活性研究[J].植物生理学通讯，1981，6：31–34，71.

[3] 朱永官，欧阳纬莹，吴楠，等.抗生素耐药性的来源与控制对策[J].中国科学院院刊，2015，30（4）：509–516.

[4] 王高朋.青霉素在近代中国的传播与接受[D].保定：河北大学，2018.

酵母菌

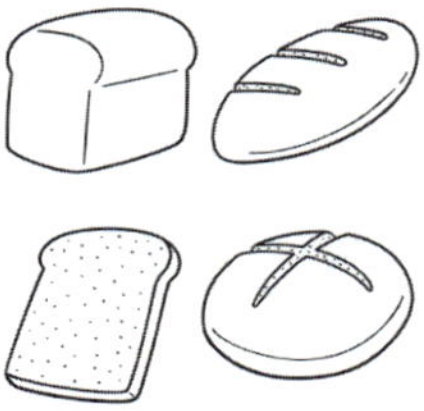

历史回顾

被感染的婴儿

2000年9月的哈尔滨某医院，伴随着清脆的哭声，一个可爱的小男婴从妈妈的肚子里钻了出来，对这个世界充满着好奇。可是在出生后的第五天，他的额头部、大腿内侧和躯干的皮肤却突然出现了许多大小不一的白色疹子，有的像针尖，有的又似米粒。爸爸妈妈也开始担心起来。

医生和护士们考虑这是新生儿头部脓疱病，便向这个小男婴局部涂抹了一种名为莫匹罗星的软膏，并静脉注射了亚胺培南。然而，几天的治疗后，小男婴的皮肤状态并未见好转，他额头处的斑块甚至变得越来越大，中心软软的，大腿处的小斑块则变得紫红。医生见此状，便吩咐护士用注射器抽出小男婴头部的黄色脓液并拿去检验。

检验报告显示，这些黄色脓液里含有一种叫作酵母菌的真菌，也就是小男婴的皮肤感染了酵母菌。

确诊后，医生立即给这个新生儿停用了所有的抗生素，并在小男婴的患处一日三次地涂抹抗真菌的药物。几天之后，小男婴的皮肤斑块逐渐缩小，并逐渐结痂。两周后，小男婴皮肤状态完全恢复了正常，泛着婴儿独有的红晕与水润的光泽。

看到这里，大家一定十分疑惑吧：酵母菌不是用来做馒头的时候用到的东西吗？它怎么也会让人生病呢？其实呀，酵母菌感染也是一种真菌感染，主要是由患者免疫力低下引起的。刚刚提到的这位患者呢，是一位婴儿，免疫力还比较弱，所以容易被感染上。但是青少年或成年人也有可能会感染哦，比如在身体疲劳、休息不足或生病引起身体免疫力下降的情况下。所以大家一定要早睡早起、锻炼身体，这样就可以预防很多疾病的发生哦！还有，酵母菌分几大类，有些可以为人类所用，有些可导致疾病发生。如上例中的婴儿就是因感染了一类酵母菌即马拉色菌而发生的马拉色菌性毛囊炎。

酵母菌：人类文明中的重要贡献者

酵母菌对人类生产加工业的贡献非常多，尤其在面包制作、酒精酿造、营养补充和生物燃料四个领域起到不可替代的作用。

酵母菌就像面包种子一样，是制作出美味的面包不可或缺的材料。当酵母菌遇到面粉和水的时候，神奇的化学反应就开始慢慢发生啦。这就是我们经常听到的“发酵”过程。

酵母菌可以把面粉中所蕴含的大量淀粉转换为麦芽糖，再通过自身所分泌的麦芽糖酶把麦芽糖水解成葡萄糖，然后利用、消耗葡萄糖，将其转变为 CO_2 和酒精。CO_2 是一种气体，这也是为什么大家总会在面包中看到许许多多的“泡泡”留下的小孔。

一般来说，用于制作面包的酵母菌分为人工酵母菌和天然酵母菌。人工酵母菌并非活菌，是人们将酵母菌破坏后提取出来的浓缩物，而天然酵母菌则是由附着在谷物、果实上和自然界中多种菌培养而成。用天然酵母菌所制作的面包一般更加受到人们追捧和喜爱，正是因为用天然酵母菌做出来的面包带着淡淡的发酵香和小麦香，面包内部的空洞会因酵母菌的活力而大小不一，因此产生松软的口感和迷人的香味。是不是想想就要开始流口水了呢？

除此之外，酵母菌也是酿造业的一把好手。用于酿酒的酵母菌又称为酿酒酵母菌。早在远古时期，我国就已经开始使用含有酵母菌的酒曲酿酒。而在 1883 年，人类已经开始分离培养酵母菌并将它用于酿造啤酒。酿酒酵母菌其实与面包酵母菌是同一类酵母菌，也

就是说，这类与人类关系最密切的酵母菌既可以酿酒又可以制作出美味的面包。

这类酵母菌一共分为三类：第一类酵母菌的细胞多为圆形、卵圆形或卵形，主要用于酒精发酵、酿造酒精饮料和面包生产。第二类的细胞形状以卵形和长卵形为主，不过也有圆形或短卵形细胞。这类酵母菌主要用于酿造葡萄酒和果酒，也可用于啤酒、蒸馏酒和酵母粉的生产。第三类的细胞为长圆形。这类酵母菌比较耐高渗透压和高浓度盐，适合于用甘蔗糖蜜为原料生产高浓度酒。由于在酒类贸易中的人们对于酒成品有着更多更高的要求，所以针对酵母菌在酿酒中作用的研究比在制作面包中的更多。随着不断地深入了解及研究，人们发现，不同种类的酿酒酵母菌所酿造出的葡萄酒风味各不相同，针对不同地区种植出的葡萄，不同酿酒酵母菌与其的适配性也不一定相同。

酵母菌被营养学家誉为“取之不尽的营养源”。一方面，它的主要成分是蛋白质，几乎占了酵母菌干物质的一半含量，而且酵母菌所含人体必需氨基酸的量较为充足，特别是与大家经常摄入的主食——谷物相对比时，酵母菌中赖氨酸的含量较多。另一方面，酵母菌含有大量人体所需的维生素 B_1、维生素 B_2 及烟酸，这些营养物质能提高面包等发酵食品的营养价值，而酵母菌里的硒、铬等微量元素能抗衰老、抗肿瘤、预防动脉硬化等疾病，并提高大家的免疫力。经过酵母菌发酵的面粉里，一种能够影响钙、镁、铁等元素吸收的植酸可被分解，从而提高人体对这些营养物质的吸收和利用率。因

此，大家日常可以适量吃一些发酵食物哦，比如面包。

酵母菌对人类有很多用处，因为它营养价值高成本又低廉，所以被广泛用作动物饲料的蛋白质补充物。这不仅能促进动物们的生长发育，缩短饲养期，增加肉量和蛋量，又可以改良肉质和提高瘦肉率，改善皮毛的光泽度，还能增强小动物们的抗病能力。

酵母菌除了食用价值，还有制作生物燃料的价值。酵母菌因为可以利用葡萄糖、果糖等多种糖类，被人们视作一种可以具有巨大潜力的生物燃料。在糖类氧化分解为 CO_2 和酒精的这个化学反应中，可以释放大量的能量，如果人类可以利用这些能量，将其转化为电能、机械能等，就可以解决当前世界能源缺乏、环境污染等诸多问题。

当茶遇上酵母菌——茶酵母？

酵母菌有着多种多样的作用，在日常生活中，最常见的便是人们将其干燥为酵母粉，其中值得一提的便是茶酵母。茶酵母的用途十分广泛，时下最流行的则是将其用于减肥瘦身。这是为什么呢？原来，茶酵母中含有的茶多酚具有高于维生素 E 10 倍的抗氧化能力，能够降低血液中甘油三酯含量，有效降低血脂。茶酵母还能够改善由肥胖及血脂偏高引起的精神萎靡、困倦，让人们精神焕发。其实，相比于茶酵母，啤酒酵母含有更为丰富的 B 族维生素和酵母铬，分别相当于茶酵母的 3 倍与 2 倍。生物科学知识告诉我们，B 族维生素能加速碳水化合物、脂肪的代谢，快速消耗能量使人在瘦身的同时保持精力充沛；而酵母铬则能够降低甘油三酯水平，协助胰岛素加速糖的代谢。

而至于茶酵母的生成过程，也并不复杂。在我国台湾冻顶山区，人们在制作乌龙茶时，首先会将茶杀青，之后进行低温发酵，发酵之后的酵母菌便失去了它的作用，全然沉淀在底部。不过此时，酵母菌早已吸收了乌龙茶的精华成分，人们将其捞起，经过洗净、消毒、干燥等再制造过程，就成了茶酵母。如今市场上的茶酵母大致可以分为三种：

第一种是前文提到的加工而成的茶酵母，由于工艺等原因，这样生产出来的茶酵母产量很低，而且与茶一起分离后收集难度大；第二种是乌龙茶与发酵液一起干燥后打碎成粉，成品基本为乌龙

茶，所含酵母菌很少，所以减肥等功效相对不强；第三种是由乌龙茶提取物与啤酒酵母提取物组成，这样生产出来的茶酵母易于收集加工，特别适合规模化的生产。

总而言之，茶酵母含有乌龙茶中能帮助人减肥的有效成分，并且具有酵母菌的特性，较为健康有效和安全。

医生的话

酵母菌还有哪些营养物质呢？又是怎么发挥作用的呢？小朋友们不妨去问问生物老师。

酵母菌是不是用处很多呀？小朋友们不妨在家长的帮助下去查一查，看看除了我们提到的这些，还有哪些新奇的用途呢？

一般来说酵母菌是不会引起严重疾病的哦，小朋友们不用感到紧张。

参考文献

［1］J.A.巴尼特，R. W.佩恩，D.亚罗.酵母菌的特征与鉴定手册[M].胡瑞卿，译.青岛：青岛海洋大学出版社，1991.

［2］白逢彦，王启明，陆惠中，等.酵母菌种内和种间rDNA序列保守性和变异性分析[J].新疆大学学报：自然科学版，2004，21（增刊1）：157.

病毒及特殊微生物篇

开篇语

病毒虽然是一种很微小的生物，但它却对人类有着不可小觑的影响，病毒引起的疾病可能会给人类带来生命的威胁。了解病毒，将有助于减少病毒带给我们的威胁。

病毒由核心和衣壳构成。核心里的主要成分是核酸，核酸构成了病毒的基因组，根据核酸种类的不同，病毒可分为 DNA 病毒、RNA 病毒，以及仅由蛋白质构成的一种特殊的“病毒”——朊病毒。衣壳是包绕在核酸外的蛋白质外壳。它不能独立地自我繁殖，必须侵入宿主细胞内，利用宿主的蛋白质等物质和能量，自我复制出与它自己的核酸中包含的遗传信息相同的病毒。一旦离开了宿主细胞，它将停止生命活动。

病毒有两种不同的传播方式，分别为水平传播和垂直传播。

水平传播中，第一，是经呼吸道传播，流感病毒、冠状病毒等经空气、飞沫等被人类吸入就有可能引起感染，一个小小的喷嚏甚至是平常的呼吸都有可能引起传播。第二，当我们摄入病毒污染了的食物和水源时，也可能感染病毒，如甲型肝炎病毒、脊髓灰质炎病毒等。第三，通过泌尿或生殖道传播，如目前尚无明确治愈方法的艾滋病便是由直接性接触而感染的。第四，昆虫的叮咬、动物咬伤或皮肤伤口直接接触也可导致病毒感染，如登革病毒、狂犬病毒等。第五，是经血液传播，如输血、注射、器官移植等，也可引起如乙型肝炎（简称乙肝）病毒、人类免疫缺陷病毒（引起艾滋病）等的感染。

垂直传播是病毒经胎盘、产道、哺乳由母亲传给胎儿或新生儿的。可经垂直传播的病毒有风疹病毒、人类免疫缺陷病毒、乙肝病毒等。

了解病毒的传播途径及侵入过程有利于我们更好地阻断病毒的传播，做好自身的防护。接下来，我们将介绍RNA病毒、DNA病毒、朊病毒的代表种类以及它们引起的疾病。通过认识病毒，我们能进一步认识许多神秘而可怕的疾病。“知己知彼”，方能更好地预防与战胜它们。

狂犬病毒

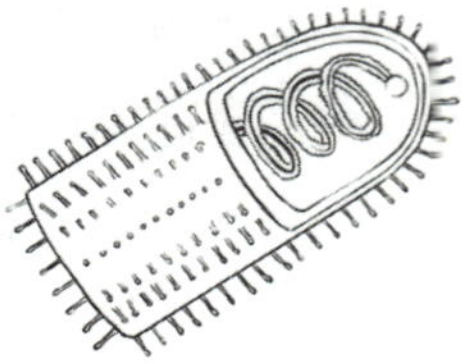

历史回顾

狂犬病与我们的生活

很多读者朋友家里养“汪星人”吧。狗狗可爱又忠诚，也会给生活增添很多乐趣。但你知道吗？有一种很可怕的传染病——狂犬病，可以通过狗狗传播。

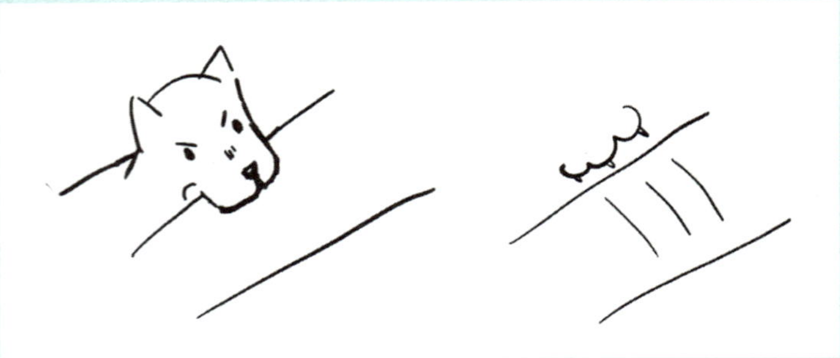

狂犬病离我们的生活其实很近。如果被患有狂犬病的狗狗或小猫抓伤、咬伤，或者是被它们舔舐伤口，那我们就很有可能感染狂犬病毒。发病后，患者会出现低热、疲惫的症状，还会极度恐惧水、风、光等。更可怕的是，患者会时不时抽搐，最后逐渐瘫痪，等待死亡。可令人悲伤的是，目前没有针对狂犬病有效的治疗手段。一旦感染上，且没有及时进行干预，人们会在发病后几天之内死去，病死率接近 100%。

到底是什么在作祟?

狂犬病是一种由狂犬病毒引起的，既能在动物和动物之间，也能在动物和人之间传播的急性传染病。其实，不止狗狗会得狂犬病，小猫、蝙蝠、狼、狐狸等肉食动物也会感染狂犬病毒。因为在咱们国家，这种病主要由狗狗传播，所以就叫作狂犬病。

这个狂犬病毒长得像颗子弹，由包膜包裹蛋白质外壳和它的遗传物质——RNA 组成。这个包膜像刺猬的背一样，长着许多小刺，叫作包膜刺突，这些刺突能够使狂犬病毒带有极强的感染性、血凝性与毒力。其中，从自然感染动物中分离到的病毒是狂犬病毒中的“战斗机”，具有最强的毒力。

狂犬病毒其实很脆弱，无论是高温、紫外线、日晒或是干燥，随便拎一个“小兵”出来都能把狂犬病毒杀得片甲不留。然而，狂犬病毒有着极强的传染性，又具有“小强”精神，在家畜、野生动物与人之间都可以传染，再加上人对其易感性极强，所以是一个非常危险的存在。人们在被感染狂犬病毒的动物咬伤、抓伤后，狡猾的病毒就能够通过伤口——人体防线中崩溃的关卡，或者是通过眼睛、口鼻黏膜这样的薄弱区域来侵入人体。

狂犬病的可怕症状

在被狂犬病毒感染之后，人们有 60% 左右的可能性会发病。如果发病，患者首先会出现一段潜伏期，通常为 3 ～ 8 周，最短只有 10 天，最长可达好几年。这段时间里，狂犬病毒在悄悄地谋划着坏事，所以人体没有表现出明显症状。很多人仍旧精神倍儿棒吃嘛嘛香，也正是因为这样而疏忽大意，没有及时就医。

狂犬病的症状表现很特别，也很可怕。它分成三个阶段：第一个阶段叫前驱期，患者会出现明显的身体不适，比如发热、头痛，还会感到疲劳并出现厌食，有些甚至会失眠或者抑郁；第二个阶段是兴奋期，通常患者会极度暴躁或者极度抑郁；第三个阶段是麻痹期，在这个阶段里，患者浑身无力，生无可恋，什么都不想做，只想瘫着，最终狂犬病毒会

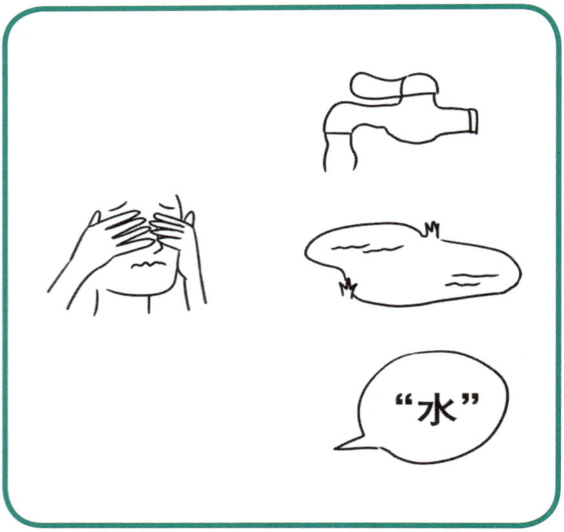

导致患者的心血管功能紊乱，患者只能眼巴巴瞪着天花板，等着和世界说“拜拜”。

在兴奋期中，患者会出现狂犬病的典型症状：恐水。他们会极度口渴，却又不敢喝水，像极了想知道成绩又不敢去查的学生。而一出现与水相关的事物，患者便会感到恐惧，甚至出现咽喉肌痉挛——即使喝了水也咽不下去，最终导致声音嘶哑和严重脱水。所以，狂犬病也被称作恐水病。

可怕症状出现的原因

在入侵人体细胞后，狡猾的狂犬病毒并不急着大量复制，它们只是略微增殖——为了在躲过人体内白细胞“警察”巡逻的同时，稍稍增强一定的战斗力，从而达到它们的真实目的：侵略人体的总指挥部——由大脑和脊髓组成的中枢神经系统。

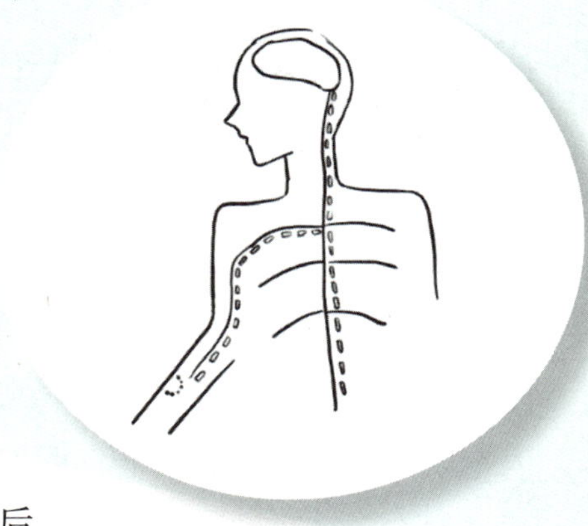

狂犬病毒在悄悄直抵目的地之后，它们便露出了凶恶的獠牙，在神经细胞之间疯狂复制增殖，数量急剧上升。这时，白细胞“警察”自然也注意到了异常。于是，正邪两股强大的力量就此开战。然而这场激烈战争所在的场地，恰恰是维持人体正常生理活动必不可少的控制中心——中枢神经系统。就这样，遭殃的中枢神经系统完全乱套，人体生理活动也因此完全乱套。

直到今天，狂犬病仍是不可治愈的，一旦发病，就相当于买

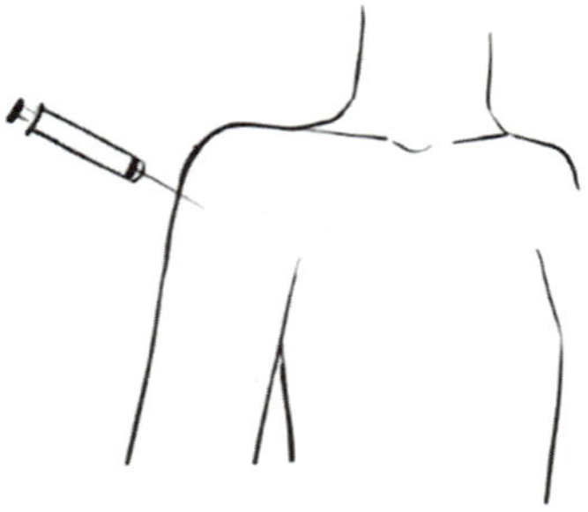

了张通往地狱的车票。不过看到这里，大家也不要过于害怕！只要及时采取行动补救，狂犬病可以得到100%的预防！如果一不小心被猫猫狗狗抓伤或者咬伤了，要立即用碱性的肥皂水冲洗伤口30分钟以上，然后及时就诊，接种疫苗。当然，也别忘记了传染源，通过对猫猫狗狗进行预防接种也可以有效防止狂犬病毒的传播。

历史上的狂犬病

其实，狂犬病已经有很长的历史了。在古代，狂犬病被称为瘈咬病。早在春秋时期，《左传》中就有“国人逐瘈狗”“国狗之瘈，无不噬也”的记载。“瘈狗”就是疯狗的意思，可以看到，古人也早早留意到了狂犬病，明白疾病传染的根源是疯狗，所以要驱逐“瘈狗”。

晋代葛洪的《肘后备急方》中，更是对狂犬病的潜伏期和处理有了详细记载。书中说被咬之后21天不发作应该是没有感染上狂犬病，但是100天之后不发作才是真正安全。书中还说，古人会擦去伤口上所残留的狗的口水，同时清理干净流出来的被污染的血液，并在伤口处用加热消毒的方法治疗狂犬病。

唐代孙思邈的《备急千金要方》里也有这样的描述：“凡春来夏初，犬多发狂，必诫小弱，持杖以预防之，防而不免者，莫出于灸。”就是在提醒人们要远离疯狗，保护自己，如果不幸被咬伤了，需要马上用高温进行消毒。

在古代民间，也有“菜籽花黄，疯狗出场”“出门带根棍，疯狗不拢身”等有趣的俗语。可见在我国古代，人们很早就了解了狂犬病的多发季节，并能够采取一定的应对措施。不过，真正实现对狂犬病的有效预防，是在1885年，法国微生物学家巴斯德发明了狂犬病疫苗，之后人们不断地对疫苗进行改进，才有了我们现在注射的狂犬病疫苗。

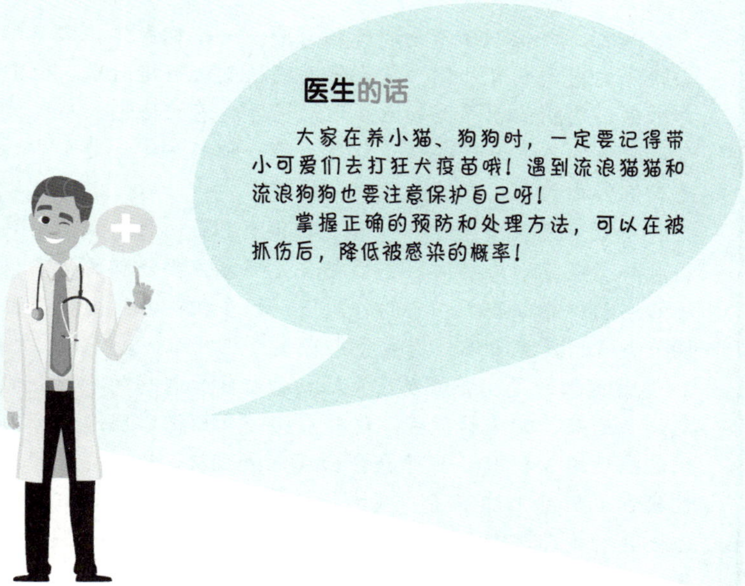
医生的话
大家在养小猫、狗狗时，一定要记得带小可爱们去打狂犬疫苗哦！遇到流浪猫猫和流浪狗狗也要注意保护自己呀！
掌握正确的预防和处理方法，可以在被抓伤后，降低被感染的概率！

参考文献

[1] 王朝，周明，傅振芳，等.狂犬病病毒逃逸宿主天然免疫反应的研究进展[J].生命科学，2017，29（3）：237–244.

[2] 张菲，张守峰，唐青，等.我国狂犬病现状与防控意见[J].中国人兽共患病学报，2010，26（4）：381–388.

[3] 庄辉.我国乙型肝炎病毒感染与挑战[J].中华传染病杂志，2005，（S1）：2–6.

[4] 张永振.中国狂犬病的流行病学[J].中国计划免疫，2005，11（2）：140–143.

脊髓灰质炎病毒

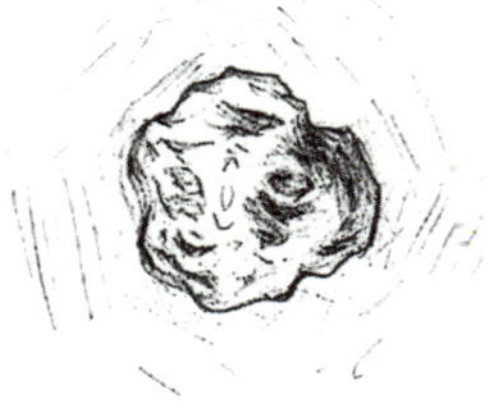

历史回顾

特殊的孩子

曾经，一些孩子有着特殊的身影——他们身体扭曲畸形，例如小腿弯向内侧或者外侧，需要借助拐杖或者轮椅活动。他们的年龄都很小，明明该朝气蓬勃地在运动场奔跑着的他们，却要被迫接受命运带来的不幸。这些孩子都患上了一种病——脊髓灰质炎，也就是我们俗称的小儿麻痹症。

脊髓灰质炎多发于 1 ～ 6 岁的孩童，是一种急性传染病。而脊髓灰质炎病毒则为病因。脊髓灰质炎病毒主要侵犯的是中枢神经系统的运动神经细胞。在它的作用下，许多相关的肌肉就会出现神经调节失常，发生萎缩，乃至于彻底丧失肌纤维。

最可怕的是，脊髓灰质炎的初期症状和普通的感冒相似，比如发热、头痛、咽痛和疲劳。这些症状一开始很难引起父母的重视，但起病后的 3 ～ 10，孩子就会出现瘫痪症状。这些与普通人不同的症状在他们身上烙下了“残疾”的标签，因为怪异的走路姿势，他们经常引起旁人的注视，还有一些不该出现的嘲笑和排挤。

脊髓灰质炎目前仍然没有治疗的特效药，但自从脊髓灰质炎疫苗被成功研发，目前很多国家基本上消灭了脊髓灰质炎。在我国，脊髓灰质炎疫苗是每个孩子必须接种的。

虽然我国已经达到无脊髓灰质炎目标，但一些与我国领土接壤的国家却仍有脊髓灰质炎流行，脊髓灰质炎病毒传入我国并引起流行的可能性依然存在，所以婴儿注射脊髓灰质炎疫苗始终非常重要。

脊髓灰质炎病毒
尤其影响下肢

脊髓灰质炎病毒的真面目

脊髓灰质炎病毒属于RNA病毒的肠道病毒大家庭。乍一眼看长得像个小圆球，但其实它的衣壳是精致的立体对称二十面体。相比于它的其他病毒亲戚，脊髓灰质炎病毒显得很小，直径只有20～30纳米，科学家们通过电子显微镜才能一睹它的全貌。它的中心有一条RNA链，它还穿着由60个微粒形成的外层衣壳，而核衣壳裸露在外，并没有膜包被。

脊髓灰质炎病毒是如何侵入人体的呢？首先，我们要知道，它入侵的速度非常快，在24小时之内就能到达扁桃体及各处淋巴组织。在通过口咽或肠道黏膜侵入人体之后，它马上开始茁壮生长、“壮大兵力”，并向别的地方派去病毒“先遣军”。但人体也会采取对应措施，比如快速产生能够击败病毒的“警察”——抗体，如果这时人体产生的抗体足够多，就可以把病毒控制在一个小地方，这时的人体并不会表现出生病症状，也就是隐性感染；但如果“警察”人手不够，病毒趁虚而入，就会进一步入侵血液。在72小时之后到达非神经组织（有末梢）的地方，例如呼吸道等，再继续不断繁殖。这时病毒的大部队仍驻扎在淋巴组织中，再次积累了足够的人手后，病毒会在第4天至第7天再次大量进入血流，如果此时血流中的抗体“警察”终于足以将病毒全部抓捕归案，那么疾病发展到此为止，就形成了脊髓灰质炎的一种——顿挫型脊髓灰质炎，只有呼吸道和肠道症状等，并不出现神经系统的病变。但如果病毒过于强悍或者抗体“警察”还是不足以将病毒全部击败，那么病毒就会随血流最终侵入中枢神经系统，也就出现了神经系统的病变。

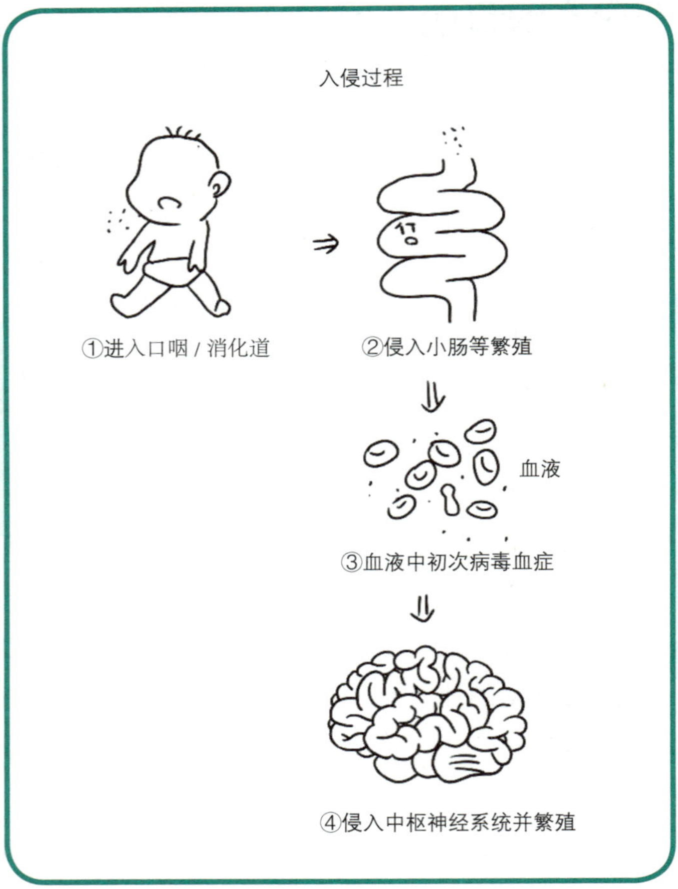

我们都知道，如果人体是一台机器，那么神经系统就是机器的芯片，控制着整台机器的正常工作，而因为脊髓灰质炎病毒有着攻击神经细胞的能力，也就让人失去了对身体的控制，所以染上此病的人会出现肌肉萎缩、瘫痪等病症。

脊髓灰质炎的核衣壳包括了四种结构蛋白：VP1、VP2、VP3 和 VP4，在这里我们叫它们老大、老二、老三和老四，其中老大可以和容易感染的细胞表面的受体结合，也就是让病毒赖住了细胞，便于病毒的进一步侵染。四兄弟中的老大、老三和老四都会让人体中的抗体“警察”产生戒备，也就是具备抗原性。当病毒开始侵染人体细胞，它的RNA会进入到细胞中去，作为模板合成蛋白质或者负链RNA，而负链RNA又会作为合成正链RNA的模板，也就实现了RNA的复制。这种复制会打乱细胞自己的功能并导致其死亡，所以脊髓灰质炎病毒可以对神经系统造成巨大破坏。

随着脊髓灰质炎病毒在我们体内不断地肆虐，人体的症状也逐渐严重：上面提到的顿挫型脊髓灰质炎，患者最多只会表现出头部以及喉咙的疼痛，以及食欲减退和腹痛的症状；如果病毒轻度侵染神经系统，就会产生更严重的头痛、恶心，还会有头、颈、躯干的疼痛和僵硬；如果病毒深度侵染神经系统，会引起神经系统的损伤，患者就会瘫痪或者呼吸衰竭，严重的可能导致死亡。

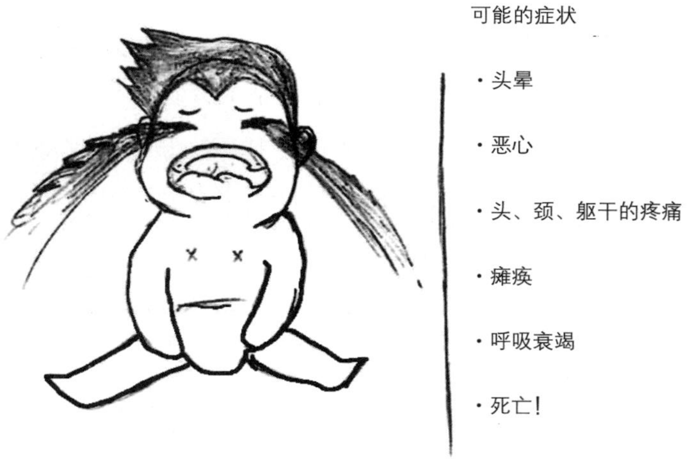

人类是脊髓灰质炎病毒的天然宿主，脊髓灰质炎病毒主要经粪口传播的方式传染给其他人，也可以通过口对口的传播方式染病，也就是可以通过患者的鼻咽部的飞沫传播。

曲折发展的疫苗

脊髓灰质炎的第一次大流行始于20世纪初的美国，由于一直没有有效的治疗药物或者疫苗，它成了第二次世界大战后威胁美国公共健康最大的疾病。而曾任美国总统的富兰克林·罗斯福，就是历史上一位著名的脊髓灰质炎患者。在他患病后，他创办了脊髓灰质炎全国基金会（以下简称基金会），助力了脊髓灰质炎疫苗的成功诞生。

乔纳斯·索尔克是研制出预防脊髓灰质炎的有效疫苗的第一人。他申请到基金会的研究资金后，全身心投入疫苗的研制中。在那个时候，减毒活疫苗是研制主要方向。其原理是将这种减毒活疫苗接种到人体后，人体会产生一次轻型的自然感染，从而引起免疫反应，以获得抵御该种疾病的免疫力。索尔克另辟蹊径，他选择了

研究灭活疫苗，虽然引来了大批人的质疑，但他并没有因此而放弃。在质疑声中，他做出一个惊人的决定。他选择了自己、自己的妻子和三个儿子成为首批临床试验对象，为了能让大众信服，他把全家人的生命都押上了。最后的结果我们都知道了，他们在接种疫苗后并没有出现什么不良的后遗症，还获得了对于脊髓灰质炎的免疫力。而且他放弃了为疫苗申请专利，只希望能帮助更多的人。他的奉献值得世人的称赞。

而我们小时候吃的“糖丸疫苗”，就是由当时公开反对索尔克而且主张使用减毒活疫苗的阿尔伯特·萨宾所研发的。在索尔克研制出脊髓灰质炎的灭活疫苗后，萨宾继续潜心研究出可以口服的减毒活疫苗——“糖丸疫苗”。因为“糖丸疫苗”价格便宜、可以口服、使用方便等特点，在社会上迅速取代了索尔克的灭活疫苗。

中国：从“糖丸疫苗”到新疫苗

中国也曾深受脊髓灰质炎之害，尤其是在 20 世纪 50 年代中后期，这种疾病大肆流行，而我们又没有自主生产和接种的疫苗，许多孩子都因此落下终身残疾。此时，一位年轻的科学家——顾方舟临危受命，他带领团队没日没夜地进行研究，先是成功分离出了病毒，之后又成功研制出了“液体疫苗”和“糖丸疫苗”两种减毒活疫苗。像前辈一样，顾方舟也选择了自己的孩子作为首批试验对象，并获得了成功。最终，“糖丸疫苗”在中国的普及，让几十万儿童免于残疾，改变了几十万人的命运！

前几年，由于安全性更高的疫苗的问世，“糖丸疫苗”则正式退出了历史舞台。对于有免疫缺陷的儿童来讲，服用“糖丸疫苗”可能引起异常反应。新的疫苗剔除了旧疫苗毒株中的Ⅱ型组成部分，因而该毒株引发异常反应的风险也随之消失，现在我国实行的是“2剂脊髓灰质炎灭活疫苗+2剂两价口服脊髓灰质炎减毒活疫苗”的免疫程序。

总而言之，经过长时间的发展，脊髓灰质炎疫苗目前已经较为成熟，脊髓灰质炎也早已不再是危害我们幸福生活的“杀手”了。能够有今天这样成熟的疫苗技术，离不开一代代医生与科学家们的辛苦钻研与反复试验，他们对守护人类生命健康作出的贡献，值得我们感激、敬佩与铭记！

参考文献

[1] 郑剑玲.病原生物与免疫学基础[M].北京：中国中医药出版社，2016.
[2] 李凡，徐志凯.医学微生物学[M].9版.北京：人民卫生出版社，2018.

人类免疫缺陷病毒

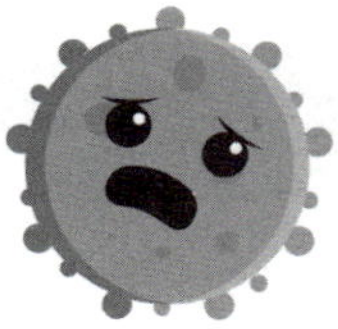

历史回顾

人类免疫缺陷病毒与艾滋病

相信大家都曾看到过“红丝带”的宣传海报。飘扬的丝带，抢眼的红色，红丝带是人类免疫缺陷病毒（HIV）和艾滋病的国际标志。

1991 年，艺术家们设计了这个标志，以红丝带支持 HIV 感染者，悼念被艾滋病夺去生命的亲人朋友，宣传艾滋病预防知识。

其实，艾滋病的元凶是 HIV。它呈球形，外面还有一层包膜，可以在感染者身体内的保卫军队——免疫细胞中繁殖后代，使免疫细胞数量下降。HIV 像是一种慢性毒药，它在长达数年的潜伏期后，通过疯狂攻击人体免疫系统的“大将”——免疫 T 细胞，让患者的免疫系统遭受重创，乃至最后让人体在受到外界各种病原体入侵时毫无还手之力，从而引发其他各种感染，甚至是恶性肿瘤。各种并发症像潮水般涌来，淹没患者的生命，患者出现长出紫斑、淋巴结肿大等症状，最终使患者全身器官衰竭而死亡。

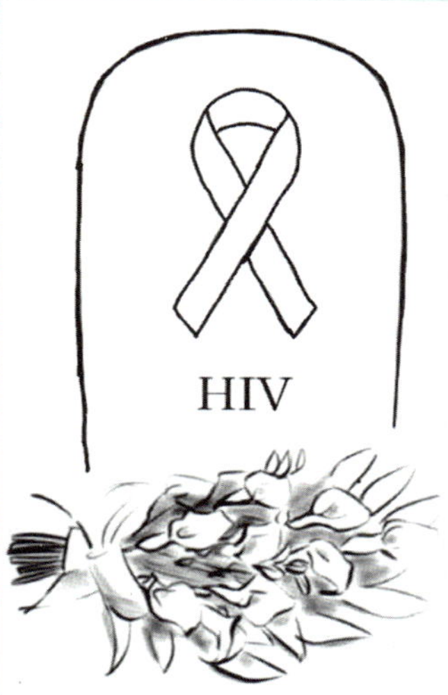

起源——猎人学说

艾滋病起源于20世纪20年代的非洲，但它直到1981年在美国才被真正识别。其实，HIV来自非洲中西部的黑猩猩之间传播的猴免疫缺陷病毒（SIV）。但关于这个SIV是如何从黑猩猩传播到人类的，至今没有一个确定的说法。目前，最为大家广泛接受的叫作猎人学说。

在非洲地区，人们的重要肉类来源是野生动物。在打猎和捕杀动物的过程中，猎人难免会接触到病原体。如果猎人的伤口不小心暴露在病原体面前，SIV就会趁机侵入人体细胞。更不幸的是，SIV突变为人类中传播的HIV，最终导致艾滋病。

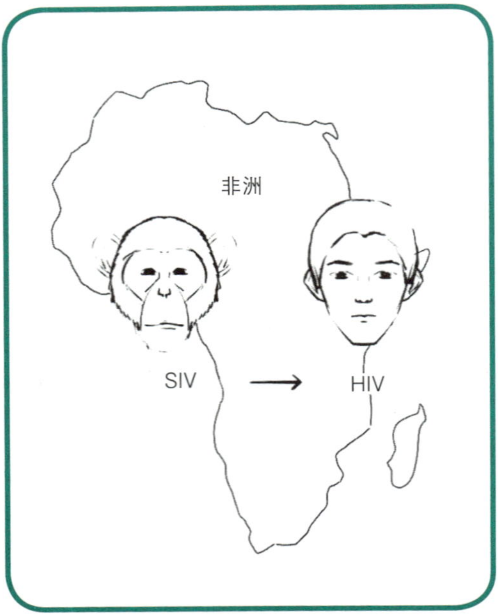

当然，也有一些其他关于HIV来源的推测。比如其中有一种说法认为，HIV源于血液接触。过去的非洲原住民相信黑猩猩的血对身体好，就把黑猩猩的血注射进身体，甚至直接将黑猩猩的血一饮而尽，导致感染HIV。

击垮人体防御的四个阶段

艾滋病的潜伏期很长，从被HIV感染到发病的潜伏期可以长达10年。下面就让我们来看看，艾滋病可以划分成哪几个阶段吧。

第一阶段是急性感染期。在这个时候，HIV刚进入人的身体，急切地想寻找一个适合自己居住的地方——一种名为CD4的免疫细胞。HIV侵入这些细胞后，鸠占鹊巢，把人家的房间搞得一团乱。接下来，HIV就在别人的家里开始大量地繁殖自己的后代。当原来的房间被破坏得差不多，装不下更多的HIV后，这些病毒又蜂拥而出，去寻找别的CD4细胞。就这样，人体内的一个个免疫细胞就被HIV破坏掉了。当然这个时候，HIV的数量还不算很多，感染者通常只会有乏力、头痛、喉咙痛等症状。有一些身体比较好的感染者，甚至可能不会出现任何症状。

但这仅仅是开始，接下来是第二阶段。人体内的免疫细胞也不是

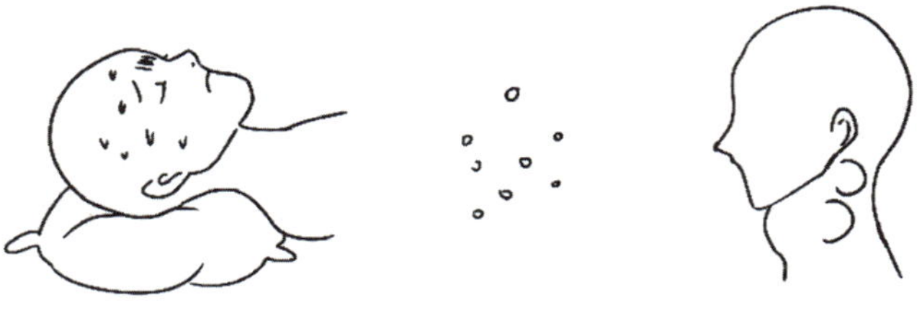

“吃素的”。在急性感染期后的 3 ～ 6 个月，免疫系统加紧产生更多的 CD4 细胞。不过，这支“新兴军队”在之后与 HIV 的斗争中还是不断地损兵折将，数量会随着时间持续减少。可顽强的免疫细胞仍在奋力抵抗，所以在这一阶段，感染者一般不会出现临床症状，或者是症状很轻微。不过也有能够被观察到的身体变化，感染者身上会出现无痛性的淋巴结肿大，这是提示 HIV 感染的重要表现。

到了第三阶段，随着 HIV 在人体内的长期居住，人体的免疫城墙被攻击出许多漏洞，各种症状开始出现，比如水疱、低热、盗汗、慢性腹泻等，全身持续性淋巴结肿大的症状也会加重。

第四阶段就是艾滋病的发病期了。这时候人体的免疫“城墙”基本上只剩下“残垣断壁”了，各种致病的真菌、细菌、病毒都有可能引发严重的感染，而患者也往往死于这些感染，当然，也可能死于可怕的恶性肿瘤。

向艾滋病说不！

与艾滋病患者正常接触，如共用餐具、交谈、拥抱，是不会有感染艾滋病的风险的。HIV 的传播途径主要通过血液传播、性传播与母婴传播，这些通过增强防范意识，是完全可以预防的。而且，随着医学的发展，大多数艾滋病患者也能生出健康的孩子。艾滋病患者不应该被歧视，现在有一些社会组织也正在为艾滋病患者拥有合理权利而不断努力着。

或许大家会想，我们能否通过注射疫苗来减轻艾滋病带来的威胁呢？至今还没有有效的 HIV 疫苗上市，所以我们必须做好其他方面的预防工作。比如对献血者和器官捐赠者应检查体内有没有 HIV；禁止共用注射器、注射针、牙刷和剃须刀等会引起体液接触的物品；感染了 HIV 的女性，也应该避免母乳喂养。

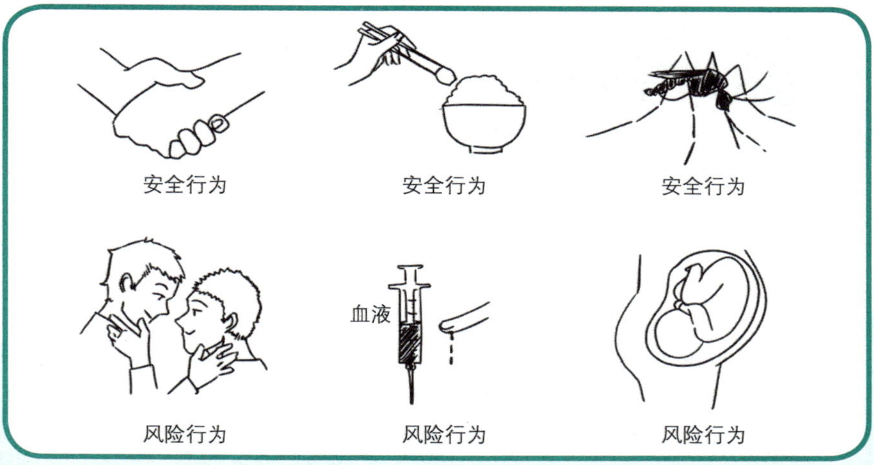

对于艾滋病患者，现有的治疗方式很有限，最主要的方式是“鸡尾酒”疗法，也就是高效抗逆转录病毒治疗。因此，世界卫生组织也建议 HIV 感染者应该在早期就接受抗病毒治疗，从而减缓病情的发展，也降低传染别人的概率。

医生的话

艾滋病患者缺少身体的保护机制，甚至小小的感冒也可能给他们带来严重的并发症。

通过这篇文章，大家更加了解艾滋病，希望大家可以消除由于未知而产生的对艾滋病和艾滋病患者的恐惧，多多关爱艾滋病患者。

我们要尊重科学家。尊重他们数年如一日的努力以及能够改变人们生活的研究成果。像何大一、屠呦呦这样的科学家，他们的研究成果拯救了许多人的生命。

参考文献

[1] 王丽艳，秦倩倩，丁正伟，等.中国艾滋病全国疫情数据分析[J].中国艾滋病性病，2017，23（4）：330–333.

[2] 吕繁.中国艾滋病防治策略[J].中华预防医学杂志，2016，50（10）：841–845.

[3] 马迎华.青少年与艾滋病[J].北京大学学报（医学版），2016，48（3）：385–388.

[4] 潘孝彰，卢洪洲.艾滋病抗病毒治疗的发展和启示[J].中国感染与化疗杂志，2009，9（5）：396–400.

[5] 李太生.艾滋病25年回顾：机遇与挑战[J].中国医学科学院学报，2006，28（5）：605–608.

[6] 张淑玲，罗端德.艾滋病的发病机制和病理改变[J].新医学，2006，37（1）：11–13.

[7] 方峰.人类免疫缺陷病毒的母婴传播与预防[J].实用儿科临床杂志，2004，19（7）：534–536.

乙肝病毒

历史回顾

乙肝与乙肝病毒

你知道什么是乙肝吗？乙肝是通过血液、母婴、性方式传播的肝炎。是的，你没看错，乙肝的传播途径与艾滋病是一样的，但是它比艾滋病更加温和、更加隐秘。从乙肝病毒感染到发作一般会经历一二十年的时间。如果不是做了血液检测，很多人甚至都不知道自己得了乙肝。

乙肝病毒在人类的历史上，其实已经存在了很长时间。2007 年，耶路撒冷希伯来大学的一位教授在韩国考察时，发现乙肝病毒存在于一具 500 年前的木乃伊肝脏中。2018 年，一位德国学者在著名期刊《自然》上发表文章，他在距今 7 000 余年的古人类牙齿样本中发现了乙肝病毒基因序列，这证明乙肝病毒在人类文明社会的初期就已经存在。

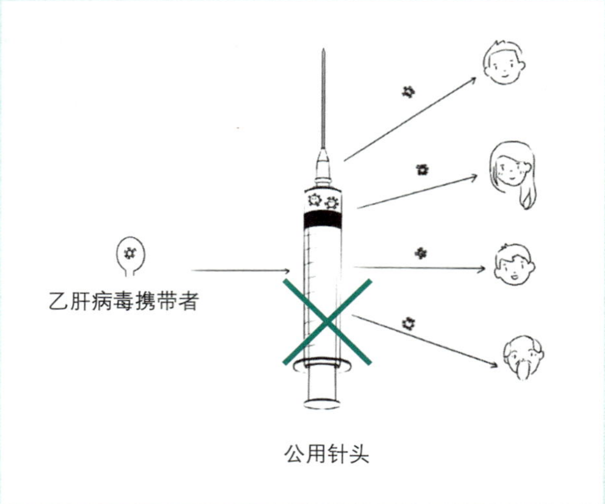

乙肝的源头——乙肝病毒

乙肝病毒，英文简称 HBV，是一种 DNA 病毒。它与其他病毒一样没有完整的细胞结构，依赖宿主细胞不断地繁殖。肝细胞是乙肝病毒指定的侵略对象，乙肝病毒在找到肝细胞之后，会脱下自己的蛋白质病毒外壳从而迷惑肝细胞，这个过程与其他病毒的感染过程其实是极其相似的。然而它与其他病毒相比，有一个极大的优势，那就是它的遗传物质 DNA 的结构——乙肝病毒的 DNA 由一条完整的 DNA 链与一条残缺的 DNA 链组成。脱去外壳后的乙肝病毒在肝细胞面前就是一个可怜巴巴的“伤员”，这让肝细胞误以为它是“良民”，心甘情愿地接纳了这个“混世魔王”，供它吃住。而乙肝病毒在进入肝细胞之后，就偷偷地用肝细胞的物资来补全自己残缺的序列，然后露出尖利的獠牙，开始在肝细胞里快速复制，数量猛增，传染性也极大增强。这时的感染者就是一名慢性乙肝病毒携带者。然而，乙肝病毒在复制时也是极其谨慎的，它在复制时也会适当地进行控制，使子代 DNA 双链与自己一样也是不完整的序列，让肝细胞永远看不出猫腻。

开战还是无视

肝细胞是个“缺心眼”，完全没有意识到敌人的入侵，傻呵呵地被乙肝病毒卖了还给它数钱。但是人体中的“巡警”白细胞

可不好骗。许多人的白细胞检测到肝细胞内有“内贼”——乙肝病毒之后，会选择睁一只眼闭一只眼，白细胞、肝细胞、乙肝病毒三者和平共处；然而，有些人的白细胞会选择与入侵者开战。这时，白细胞自然而然就把枪口对准乙肝病毒的藏身之处——肝细胞。

如果这场自我治愈之战打赢了还好说，可不妙的是乙肝病毒十分狡诈善战，一被打就假兮兮地认怂，数量开始减少，繁殖变慢，传染性也减弱。如果此时进行抗原检测，体内的乙肝病毒就为“小三阳”状态。可乙肝病毒一点也不乖，一逮着机会又火速变回“大三阳”状态，颇有一股不拖垮这个身体誓不罢休的气势。

霎时，肝脏成了“生灵涂炭之地”，肝细胞因为“傻白甜”成了最大的受害者。乙肝病毒又是生命力极强、寿命也极长的病毒，只要它还在体内存在一日，这场战争就不会结束。这样，就形成了慢性乙型肝炎，需要患者长期吃药、打针才能抑制乙肝病毒的 DNA 聚合酶——病毒繁殖时必不可少的原料的合成，从而进一步阻止乙肝病毒的继续繁殖。如果患者停止治疗，肝脏就会逐渐纤维化，甚至于硬化，最后发展成可怕的大病——肝癌！所以，这是一场人类与乙肝病毒的持久战。

与乙肝病毒的持久战

虽然乙肝目前无法治愈，但是人类也早已意识到预防这一关尤为关键，是控制乙肝的最重要环节。那怎么才能有效地预防乙肝

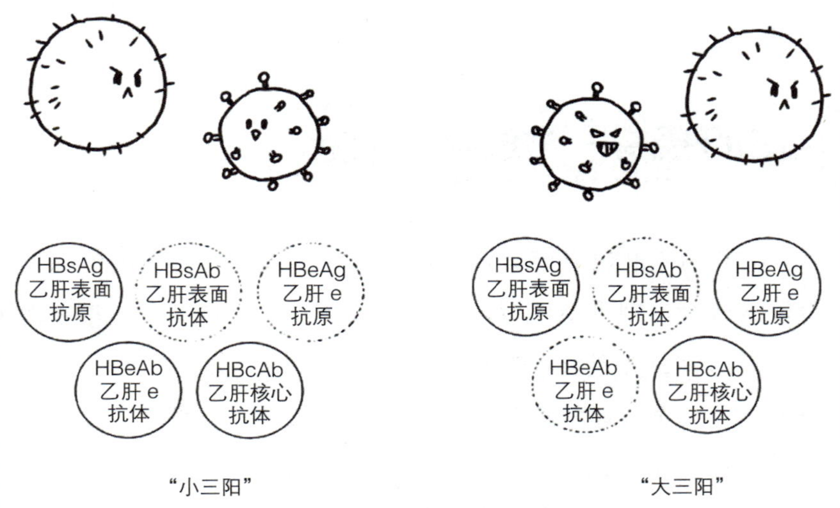

呢？最有效的方法就是接种疫苗。1992 年，中国就开始规划全民的乙肝疫苗接种，但是当时的疫苗生产得少，价格很高，而且需要自己付钱，所以接种的人也不是很多。到了 2005 年，乙肝疫苗就已经实现全民免费接种，接种乙肝疫苗如今已在我国普遍推行，有 90% 的人在 3 次接种乙肝疫苗后会产生针对乙肝病毒的抗体。除此以外，由于乙肝病毒侵染肝细胞这一特殊性质，平时护好肝，不熬夜、不酗酒也是预防肝损伤的好方法。

在进行乙肝检查的时候，大家常常会提到“大三阳”和“小三阳”，那这两者分别代表什么呢？其实它们都是检验指标的代称：“大三阳”是乙肝表面抗原、乙肝 e 抗原、乙肝核心抗体三项阳性，“小三阳”是乙肝表面抗原、乙肝 e 抗体、乙肝核心抗体三项阳性。很多人以为“大三阳”表示病情严重，“小三阳”就没问题了，这其实是错误的：“大三阳”的传染性更强，“小三阳”的传染性更弱，但“小三阳”比起“大三阳”更容易演变为肝硬化，甚至是肝癌！所以无论如何，大家都要保护自己，预防乙肝。

给乙肝患者一个温暖的抱抱

大部分的乙肝患者都会在肝脏部位感受到时有时无的疼痛，还有少数患者会出现类似感冒的症状。其中，在患者生气劳累或者干重活时最厉害，并且会伴有乏力、食欲下降、厌油、黄疸（眼睛、皮肤的颜色变黄，通常黄色越深代表感染越严重）等，这些症状多是源于肝脏功能的异常。因为肝脏在人体正常生理活动中发挥着不可或缺的作用，我们的肝脏有上百种复杂的功能，其功能正常是人体健康的基础，所以乙肝虽然是慢性病，却能改变一个人的生活，给患者带去痛苦。

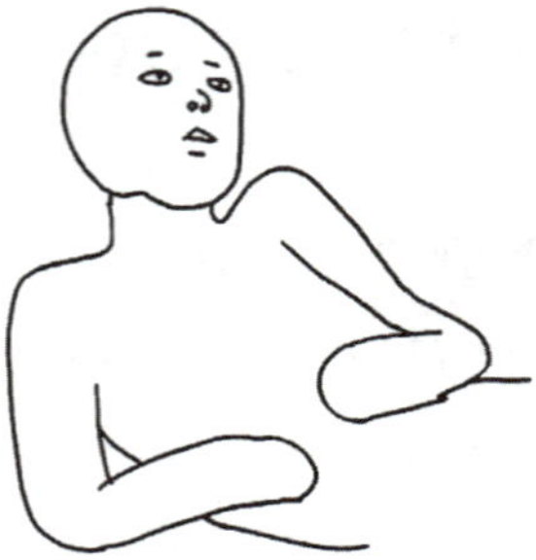

乏力

厌食

除了在身体上饱受痛苦外，乙肝患者还要在精神上承受巨大的压力。其实，乙肝病毒并不会因为拥抱与接吻传播，乙肝病毒感染的母亲给孩子喂奶也不会让孩子感染乙肝病毒，感染者打喷嚏也不会让身边的人被感染。乙肝病毒只有血液传播、性传播与母婴传播这三种传播途径。所以，下一次当大家遇到乙肝患者的时候，不妨给他一个微笑、一个拥抱，帮助他拥抱幸福的生活。

医生的话

没有想到乙肝的历史居然这么久远，原来人类的先祖早已开始和乙肝的斗智斗勇了。

爸爸妈妈一定要带小宝宝及时接种乙肝疫苗呀！此外，大家也要劝劝身边的大人们少熬夜、不酗酒呀！保护肝脏，从我做起！

大家的一点善意，可以给乙肝患者的世界带来一大片温暖！

参考文献

[1] 崔富强，庄辉.中国乙型肝炎的流行及控制进展[J].中国病毒病杂志，2018，8（4）：257–264.

[2] 史继静，张纪元，王福生.HBV感染的免疫发病机制及抗病毒治疗策略[J].中国病毒病杂志，2017，7（3）：161–166.

[3] 崔春霞，解希帝，郑瑞芬.乙型肝炎病毒的研究进展[J].疾病监测与控制，2013，7（4）：228–231.

[4] 庄辉. 我国乙型肝炎病毒感染与挑战[J].中华传染病杂志，2005，增刊1：2–6.

腺病毒

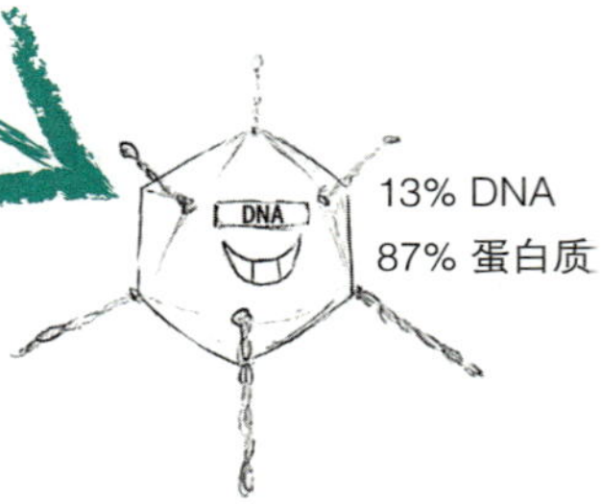

历史回顾

腺病毒：生命健康的敌人

无论什么时候，孩子的健康对父母来说都是第一位的。曾有一段时间，一种被打了“近期高发”“高传染性”“儿童易中招”等标签的病毒——腺病毒，令很多父母把心提到了嗓子眼儿，更是给不少孩子乃至家庭带来了健康上的困扰。那么，腺病毒真的如此危险和可怕吗？

腺病毒感染能力较强，对人体多处均具有感染能力，如呼吸道、胃肠道、眼部等。如果儿童出现了腺病毒的呼吸道感染，会表现为鼻炎的症状，还会有暴发性的支气管炎症甚至肺炎。有些儿童还会有类百日咳综合征发生，给患者带来的伤害十分大。而如果成人感染了腺病毒，则更可能会有呼吸道感染或者是角膜炎、结膜炎等疾病发生，严重者可导致失明。

在接触传染源后是否会感染，则取决于个人的免疫力。儿童由于免疫功能还没有完全成熟，尤其容易受到腺病毒的侵袭，而许多感染正是由家庭因素传染引起的，大人能够抵御的病毒，可能在孩子体内就能够引起发热、肺炎、肠炎等情况。

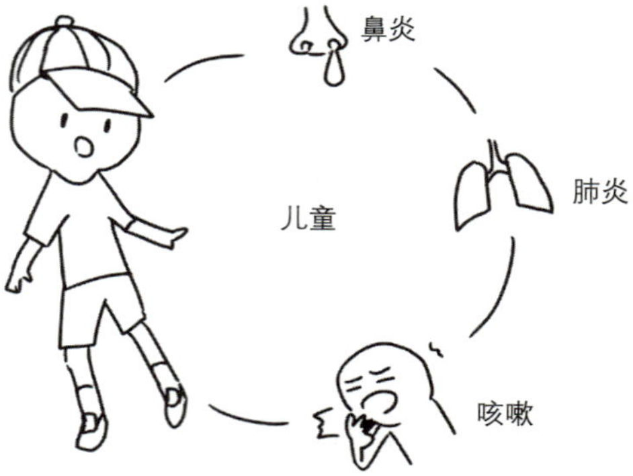

腺病毒的“庐山真面目”

“知己知彼，百战不殆”，那么腺病毒的真面目到底是怎样呢？腺病毒是一种没有包膜的颗粒状病毒，衣壳呈二十面体，由252个壳粒排列构成。衣壳里是线状双链DNA分子，因此它是一种DNA病毒。因为其DNA链的两端可以和一种特殊蛋白质共价结合，所以也可以出现双链DNA的环状结构。

腺病毒有两个阶段的生活周期：第一阶段是腺病毒选择要寄住的地方，也就是黏附和进入宿主细胞。腺病毒会先和宿主细胞上的特异性受体结合，释放出基因组，并选择性地对一些基因进行表达，这是为第二阶段而做准备，需6～8个小时。第二阶段是腺病毒开始生产下一代，也就是通过利用细胞内的能量，腺病毒复制基因，最终释放出成熟的感染颗粒，需4～6个小时。

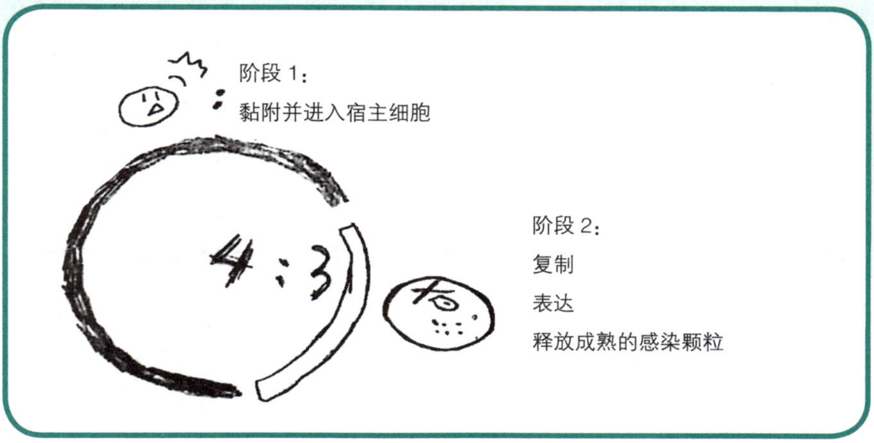

腺病毒可以分为两种不同的类型。第一类是哺乳动物腺病毒属，顾名思义，这一类别主要感染的宿主为哺乳动物。这一病毒属的宿主类型分布较广，涵盖了多种家养动物，而研究发现其中具有较明显致病性的腺病毒位于狗的体内，会引起狗的喉炎、气管炎等疾病；也会感染野生动物，主要有狐狸、狼和浣熊等。第二类是禽腺病毒属，是鸡、鸭、鹅等禽类体内常见的传染性病毒。病毒多数寄生于禽类体内却未必立刻致病，但是当禽类有免疫抑制性疾病或是发生混合感染时，就会对禽类的健康造成较大的影响。

传播途径多，疾病种类多

腺病毒的传播途径可分为 4 类。第一类是飞沫传播，如患者咳嗽或打喷嚏等使易感者吸入。第二类是接触传播。如用手直接接触被腺病毒污染的物体后，未洗手触摸口、鼻或眼睛等。第三类是粪口传播。消化道感染腺病毒可以通过感染者的粪便传播，如饮用未经适当处理的、与粪便接触的水，引起消化道感染。第四类是经过水传播，如游泳池水含有腺病毒，可能引起游泳者患结膜炎。各年龄段人群均可感染腺病毒，但免疫力低下的人士更容易感染，如婴幼儿、老年人、免疫功能受损者等。

腺病毒可在人体的扁桃体、淋巴和肠道组织中长期潜伏存在，与呼吸道疾病、结膜炎、胃肠炎、肥胖和脂肪增生等都可能有着

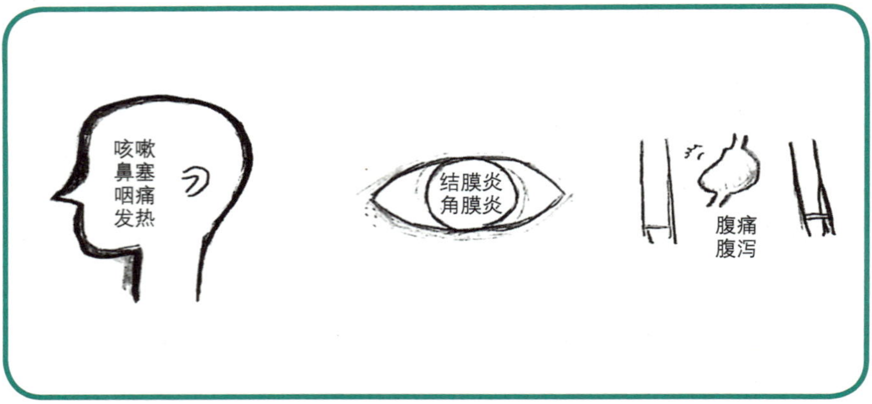

关系，可谓“无孔不入”。呼吸道感染是最常见的，城市居民中4%～5%临床诊断的呼吸道疾病是由腺病毒引起的。腺病毒还会引起呼吸道感染，主要发生于生活在封闭环境内的人群，如寄宿制学校学生和部队官兵等，极易发生腺病毒集中感染，所以这些地方的卫生情况和预防措施至关重要。

预防、治疗与疫苗

在免疫功能正常人群中，腺病毒感染后的症状大部分较轻，罕有后遗症。但免疫低下的人群如艾滋病患者、器官移植者会对腺病毒更加敏感，可引起严重症状，甚至致命。在过去的20年中，腺病毒的感染率有逐渐上升的趋势。这是由于器官移植手术的增多，伴随着强有力的免疫抑制疗法，以及艾滋病的流行，但抗腺病毒感染的治疗仍尚未达到成熟阶段。

大家可能都有过在腺病毒可能流行的季节，学校要求加强通风并喷洒消毒水的经历。的确，要预防腺病毒感染，保持良好的个人卫生习惯是十分必要的，勤于锻炼、增强体质、增强免疫力、勤洗手、保持环境的清洁卫生和室内通风、外出时戴口罩、尽量减少到人员密集场所活动、发病后及时就医、避免交叉感染等有助于降低腺病毒感染的概率。由于腺病毒可以通过眼分泌物和呼吸道飞沫传播，也要注意对患者的隔离。

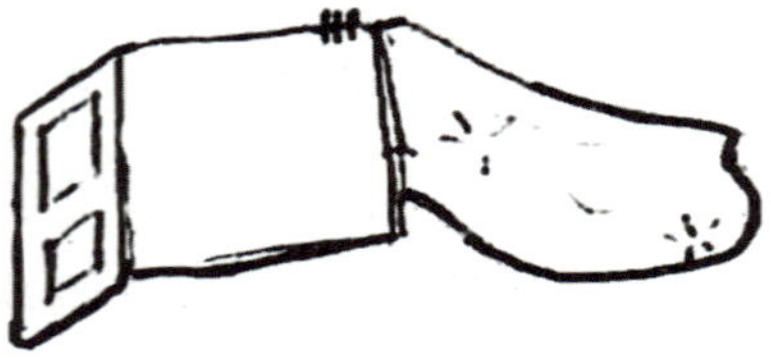

通风

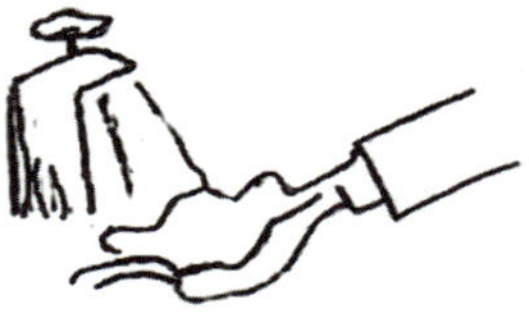

勤洗手

晒太阳

锻炼

目前，尚无可供普通人群使用的腺病毒疫苗，同时，也尚未研究出可以用于治疗腺病毒感染的药物，只有在对一些特定人群的预防措施中使用了腺病毒甲醛灭活疫苗。腺病毒疫苗的未来发展值得期待，但因腺病毒对动物具有致癌风险，故人们对腺病毒疫苗的作用与安全性仍存有疑虑。

甲醛灭活疫苗：灭活原理是甲醛使微生物的蛋白质、核酸变性，导致微生物死亡，但不明显影响其免疫原性。

意外的作用：疫苗载体？

尽管腺病毒对人类有较大危害，但其作为载体疫苗的前景极广。腺病毒载体疫苗是一种新型疫苗，与之前灭活或减毒的常规疫苗不同，它是将无害的病毒基因组导入腺病毒基因组中，表达出抗原，引起机体免疫反应。研究发现，携带各种抗原的腺病毒可以刺激机体产生较强免疫反应，而由于腺病毒易于感染呼吸道细胞和消化道细胞的特性，使之可以较为简单地使黏膜发生免疫反应，并进一步引发机体免疫反应。

由此可见，在科学家们的研究下，即使是能给我们带来健康困扰的腺病毒，也能够成为预防疾病的有力载体。人类从诞生以来，便与病毒进行着旷日持久的作战，利用病毒作为载体打败病毒，不仅是人类集体智慧的结晶，更显示出科学研究对于我们攻克疾病、保障人类生命健康的意义与价值。

参考文献

[1] 付扬喜，刘恩梅.腺病毒及其研究进展[J].分子影像学杂志，2015，38（1）：4-7.

[2] 罗丽，刘洪.儿童腺病毒感染及呼吸系统相关性疾病[J].中华实用儿科临床杂志，2020，35（22）：1747-1750.

人乳头瘤病毒

历史回顾

疫苗比病毒更让人耳熟能详

就在这两年，九价人乳头瘤病毒（HPV）疫苗成了热点名词，网上对 HPV 疫苗抢先预约注射的“攻略”帖层出不穷，体现了现代人对于 HPV 这种病毒的重视。那么，令人闻风丧胆的 HPV 究竟是什么呢?

HPV 是球形 DNA 病毒，能引起人体皮肤黏膜的鳞状上皮增殖，表现为寻常疣、生殖器疣（尖锐湿疣）等症状。更可怕的是，每个女性一生有 80% 的 HPV 感染概率，而宫颈癌大部分是由 HPV 感染引起的。由此可见，HPV 疫苗，尤其是九价 HPV 疫苗的爆火并不是空穴来风。防治 HPV，对每个女性来说至关重要。

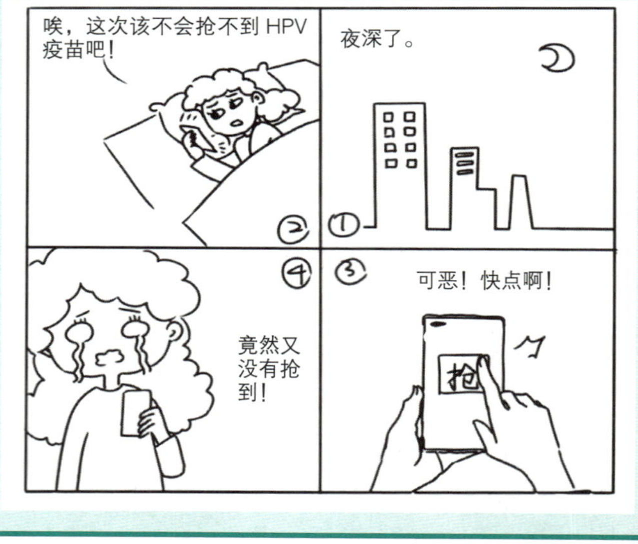

HPV 的真面目

不同种属的乳头瘤病毒具有相似的形态特征，但通常为直径 52 ～ 60 nm 的正十二面体。它由外壳蛋白、次要外壳蛋白和病毒基因组 DNA 组成，可感染人的皮肤和黏膜上皮组织，引起疣状增生甚至癌症。

HPV 的病毒家族庞大，目前已分离出 130 多种，临床上根据 HPV 侵犯部位和致癌性的不同，将其分为嗜皮肤型 HPV 和嗜黏膜型 HPV。嗜皮肤型 HPV 占病毒总数的 2/3，危害性较小。通常引起皮肤疣，如寻常疣、扁平疣、跖疣等。这一类疣状增生一般是良性组织，可以自行消退。嗜黏膜型 HPV 又分为高危型和低危型两种，低危型 HPV 会感染生殖器、肛门、口咽部、食管等的黏膜上皮，会引发生殖器疣（尖锐湿疣）。尖锐湿疣是男女两性均可发生的疾病，且发病率极高，我国尖锐湿疣发病患者数排性病的第二位。

高危型 HPV 包括 16、18、31、33 等型，它们导致了全世界 95% 的宫颈癌的发生。尤其以 16 型和 18 型为代表，它们能够引起 61.3% 的重度癌前病变。宫颈癌是常见的妇科恶性肿瘤之一，其早期症状为阴道分泌物异常、出血、尿频、尿急和便秘等现象。近年来，宫颈癌患者的发病年龄有呈年轻化的趋势，且发病率和死亡率都有所上升，据统计，我国每年新发现约 13.15 万宫颈癌患者。即使注射了疫苗，也要定期做检查。对于 30 岁以上的妇女，建议定期到医院进行 HPV 检测，以预防宫颈癌。

生殖道的 HPV 感染是非常普遍的，大部分女性都有概率感染。而绝大部分生殖道 HPV 感染是良性的，在其引起细胞发生异常改变之前，人体自身免疫系统可将其完全清除，不会对健康构成威胁，也无法进行检测。大部分的感染在一两年内可清除。HPV 感染本身并不是一种疾病。HPV 感染不需要治疗，只有当持续感染引起宫颈上皮内病变才需要治疗。

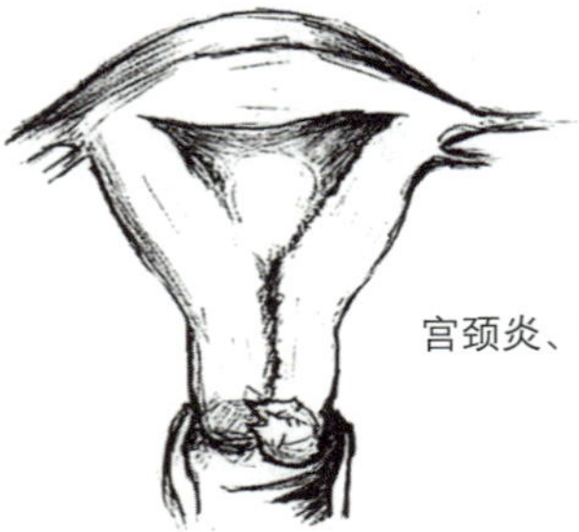

HPV 有不同的传播途径。主要是通过性传播，还有部分是接触传播，如触碰感染者的物品。此外，还有母婴传播——婴儿出生时通过母亲产道时的接触传播，以及医源性感染——患者在接受医护人员救治时被传染等。

疫苗的真面目：二价？四价？九价？

目前为止，世界上还缺乏能解决 HPV 感染的有效手段，所以注射疫苗是预防 HPV 感染的主要手段。当前，全球已上市的 HPV 预防性疫苗有 3 种：二价疫苗、四价疫苗和九价疫苗。在一些人的理解中，九价

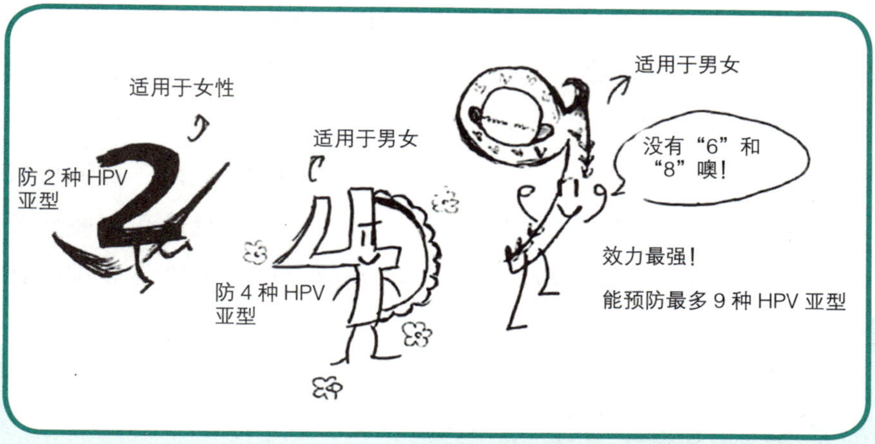
适用于女性
防 2 种 HPV 亚型
适用于男女
防 4 种 HPV 亚型
适用于男女
没有“6”和“8”噢！
效力最强！
能预防最多 9 种 HPV 亚型

疫苗好于四价 HPV 疫苗，四价 HPV 疫苗似乎好于二价 HPV 疫苗，那这三种“价”HPV 疫苗之间究竟有什么区别呢？

其实，疫苗的“价”区别就在于它们能够预防的病毒亚型数。9 岁以上的女性都可注射二价 HPV 疫苗，可预防 16 型、18 型两种 HPV 亚型，这两型是 HPV 中最高危的亚型。四价 HPV 疫苗是针对 9 ～ 45 岁的女性的，还可用于 9 ～ 26 岁的男性，在二价 HPV 疫苗的基础上还能多预防 6 型、11 型 HPV，对女性来说可以进行 70% 以上的宫颈癌预防。九价 HPV 疫苗可以用于 9 ～ 45 岁的女性，可以有效预防 90% 以上的宫颈癌，而“九价”的意思即该疫苗可以预防九种 HPV 亚型：6 型、11 型、16 型、18 型、31 型、33 型、45 型、52 型、58 型，具有目前最好的预防效果。

如果选择注射 HPV 疫苗，要根据自身情况和医生医嘱进行适合个人的选择，而并非一定是九价 HPV 疫苗优于四价 HPV 疫苗，四价 HPV 疫苗好于二价 HPV 疫苗。研究发现，接种了二价 HPV 疫苗以后，重度癌前病变的情况减少量并非是之前预估的 61.3%，而是 93.2%！科学家们认为可能出现了“交叉免疫”。简单来说，就是在免疫 16 型和 18 型 HPV 的过程中，把一些长得和它们很像的高危型 HPV 也一并清除了！

如果以预防宫颈癌为目的去接种 HPV 疫苗的话，二价 HPV 疫苗也是一个值得被考虑的选择。由于低危型 HPV 虽不致癌，但感染人体后会引起各种“疣”，同样会给我们带来诸多麻烦，所以无论是二价 HPV 疫苗、四价 HPV 疫苗还是九价 HPV 疫苗，都值得被认真考虑。总之，疫苗的选择应该综合价格、可及性和方便性等诸多因素，而不是盲目地追求昂贵的疫苗、盲目地等待或排斥某些疫苗。

伤害女性的不止是病毒

尽管 HPV 导致的疾病大多针对女性，男性仍然可以成为 HPV 携带者。男性感染低危型 HPV（6 型、11 型）可能导致生殖器出现疣，可出现瘙痒、不适等症状。而对于感染高危型 HPV（16 型、18 型）的男性，严重者可能出现阴茎癌、肛门癌，或者口腔癌。但由于男女生殖器官的差异，男性机体容易将 HPV 自行清除，HPV 在男性体内引发癌症的概率较女性小得多。然而正是因其危害小，许多男性对 HPV 感染持忽视态度，才很有可能在不知不觉之中给女性带来伤害。

与携带者无预防措施的性行为可能导致 HPV 扩散，故男性接种 HPV 疫苗也是必不可少的预防措施。与此同时，还可以在生活方面多加注意，比如杜绝婚外性行为、在发生性行为时使用避孕套等。虽然避孕套不会覆盖整个阴茎，不能完全避免 HPV 感染，但坚持使用避孕套确实能极大降低感染 HPV 的风险。HPV 作为一种极易通过亲密接触传播的病毒，要防止它的传播，男女皆有责任。

不少人因为 HPV 传播的途径与性别差异而对染病女性产生偏见，无端指责感染者私生活不检点，挑起不必要的性别对立，严重

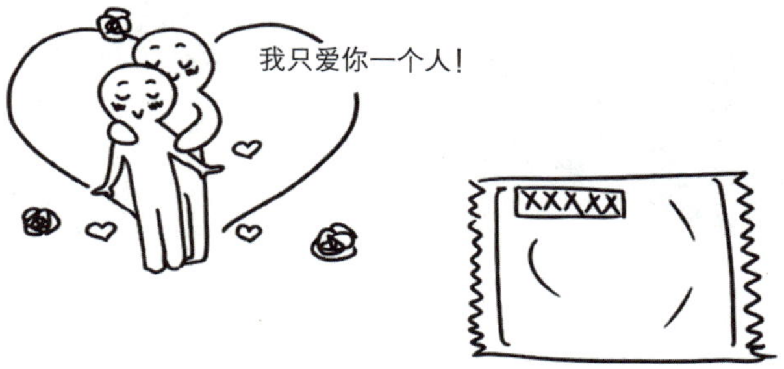

杜绝婚外性行为　　正确使用避孕套

污名化了本就易受到 HPV 伤害的女性，使得女性感染者在不幸感染的同时，还要额外承受来自家庭、社会的舆论压力，这也极大地阻碍了人们正视 HPV 感染、积极接受治疗的脚步。

事实上，人们不应该把 HPV 本身的特征当作歧视女性 HPV 感染者的借口，反而应该因为女性所承受的更大致病风险而尊重女性。人们都应该学会对自己的行为负责，对自己的伴侣负责，接受正确的教育来认识 HPV、正视 HPV，消除 HPV 带来的性别不公正，摘下有色眼镜，把病毒当成唯一敌人，才是应有的态度。

参考文献

［1］麦雄燕，韦迪霞，袁飞飞，等.不同基因亚型人乳头瘤病毒感染与宫颈病变的关系[J].中华医院感染学杂志，2018，28（1）：121-124.

［2］曹泽毅.中华妇产科学[M].2版.北京：人民卫生出版社，2004.

噬菌体

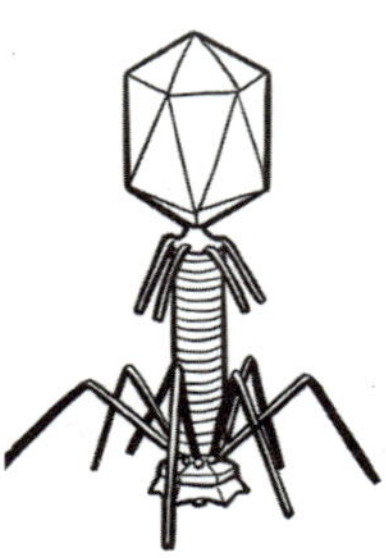

历史回顾

善良的“死神”

提到病毒，大家会想起什么？严重急性呼吸综合征、艾滋病、恐惧、传染、死亡……病毒“死神”的名号已经深入人心，其所经之地，伤亡无数，它们夺走了无数鲜活生命。而这些“死神”之中，却也有一位人类的朋友。它的“镰刀”从不伸向人类，只毫不留情地对准某些细菌的脑袋；而那些细菌，又可能正是我们人类的敌人。它，就是噬菌体。

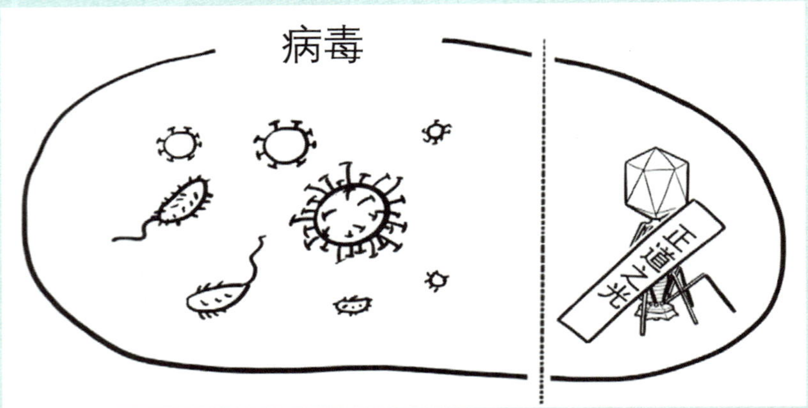

“我噬菌体从不滥杀无辜”

在人类对抗致病菌的漫漫长路上，我们发现了强力的武器——抗生素*。然而，随着人们对抗生素的使用越加普遍、频繁，致病菌们也为了生存而进化，产生了对抗生素的抗性。此外，抗生素和细菌一打起来就杀红了眼，不管是敌军还是友军，只要是细菌全部不留活口，在治病的同时对人体也造成了伤害。而噬菌体，一个只能靠消灭细菌经营生活的卑微“死神”，在多年与细菌斗智斗勇的过程中也进化出了针对细菌抗性的升级，真可谓是“魔高一尺，道高一丈”，噬菌体是天生的细菌克星。噬菌体在地球上广泛存在，种类繁多。一种噬菌体往往能攻击一种细菌以及一些与其相似的细菌。所以，如果通过噬菌体消灭致病菌，并不会误杀其他正常细菌。噬菌

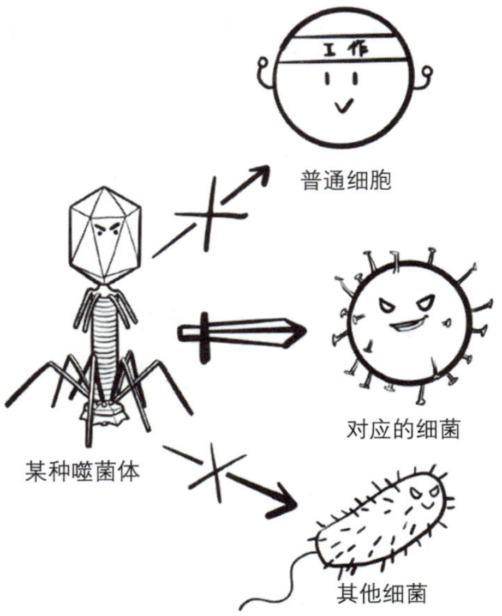

*抗生素：由细菌、霉菌或其他微生物产生的一些代谢产物或人工合成的类似物。这类药物主要用于治疗各种细菌感染或致病性微生物感染类疾病，有些抗生素还具有一定的抗肿瘤作用和免疫抑制作用。

体的这种特性相当于一种保障，像是它正拍着我们人类的肩膀，承诺着“兄弟放心，我噬菌体从不滥杀无辜。”

噬菌体的“庐山真面目”

噬菌体是一种专门攻击细菌的病毒。它一般个头小，用眼睛和光学显微镜是看不到的，需要用更厉害的电子显微镜才能看到它的“庐山真面目”。噬菌体大部分呈蝌蚪状，还有呈杆状和球状的。它没有细胞结构，身体由头部和尾部组成。噬菌体的头很奇怪，是二十面体，由蛋白质外壳包裹着里面的遗传物质，并且通常连接一条具有腿状纤维的长尾巴。

噬菌体的数量可能比地球上其他所有生物加起来的数量还要多，它们存在于任何有生命的地方，比如现在就有数十亿的噬菌体在大家的手上、肠道中以及眼睑中。但是大家不要害怕，噬菌体是不会伤害我们的，它们只会攻击细菌和部分真菌。噬菌体和细菌就像是有着血海深仇的两个敌对大家族一样，“仇人见面分外眼红”，只要噬菌体遇见细菌，一定要把细菌置之死地才肯罢休。

细菌的末日

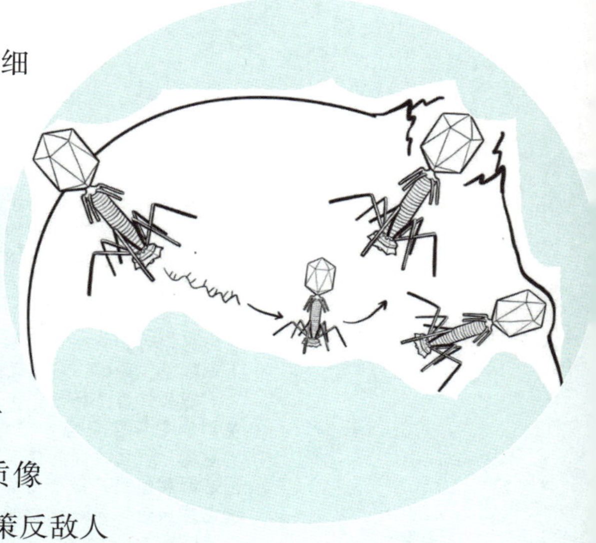

当噬菌体发现一个目标细菌，它就会用尾巴和这种细菌相连，并且用类似注射器的东西刺穿细菌表面，把遗传信息注入细菌内，噬菌体的遗传物质在细菌内不断合成，从而占领细菌，把细菌变成生产新的噬菌体的工厂和仓库。大家看，这遗传物质像不像是一个卧底，悄无声息地策反敌人的队伍，不断壮大自己的力量？当噬菌体充满细菌 内部时，瓦解细菌的时机就成熟了，新产生的噬菌体会产生一种物质，这种物质就像是一个电钻，可以在细菌内表面上打孔，使细菌裂解，从而使噬菌体从细菌内释放。被释放的噬菌体就会继承“父辈”的“遗志”，继续寻找目标细菌，开始新的征程。

现在我们可以用噬菌体治疗细菌感染。之前我们都是用抗生素与致病菌作斗争。但是使用抗生素就像是对我们体内的细菌进行了无差别轰炸，不仅杀死了细菌中的反动派，也把友军给杀死了，可谓是“杀敌一千，自损八百”。而且随着青霉素等抗生素的普遍使用，有的细菌变得刀枪不入，我们称之为“超级细菌”。超级细菌具有耐药性，一般的抗生素根本无法奈何它们。预计到 2050 年，感染超级细菌而死亡的人数将比癌症的死亡人数更多。老话说“敌人的敌人就是朋友”，噬菌体这个微型细菌“杀手”可以拯救我们，我们可以将它们注射进体内以帮助治疗由致病菌引发的感染。噬菌体可以像导弹一样特异性地只攻击应该被消灭的细菌，避免了无差别的“细菌轰炸”，从而在消灭有害菌的同时，保护有益菌，保障我们的身体健康。

医生的话

微生物虽然给人类带来许多疾病，但其中也有人类的朋友，比如噬菌体，对人类基本无害，还可用于疾病的治疗。除此之外，还有乳酸菌、酵母菌、芽孢杆菌等，有些甚至被用于生产。

抗生素不能乱用，否则会产生抗生素耐药，使得以后出现感染时无抗生素可用，且抗生素有不少副作用会损害人体健康。所以，应尽量避免抗生素滥用与长期使用。

噬菌体疗法目前仍不普遍，主要用于对抗超级细菌。其原因主要在于噬菌体疗法过于复杂，且由于噬菌体的“挑食”行为（特异性），而每个患者的致病菌株不同，很难研制出可广泛使用的噬菌体产品，且研制成本昂贵。这仍需当今与未来的科学家们，或许就是正在阅读本章的大家的努力。

参考文献

[1] 张庆，商延，朱见深，等.噬菌体与宿主细菌的攻防机制[J].山东农业科学，2018，50（7）：48-54.

[2] 朱丹，祝思路，付玉荣，等.噬菌体裂解酶作用机制及用于细菌感染治疗的研究进展[J].基础医学与临床，2018，38（2）：241-245.

[3] 李刚，胡福泉.噬菌体治疗的研究历程和发展方向[J].中国抗生素杂志，2017，42（10）：807-813.

朊病毒

历史回顾

“食人族”之难

在巴布亚新几内亚高地上，生活着一群自称法雷人的原始部落人。他们之中有一种怪病，只在妇女与孩子之中出现。这种病在患病早期，表现为记忆力衰退、运动能力丧失与肌肉痉挛，晚期则表现为迅速发展的痴呆、幻觉等神经性症状。由于这种病的典型症状是不由自主地颤抖不止，所以当地人把这种怪病称为库鲁病，又由于晚期患者常因大笑不止而身亡，这种怪病又被称作笑病。吉尼斯世界纪录曾把库鲁病评为“世界上最罕见的病”。

1957 年，科学家丹尼尔·卡尔顿·盖杜谢克去巴布亚新几内亚高地研究库鲁病，正好当时法雷族部落长老染上库鲁病而死亡，根据部落的习俗，部落成员用石头砸烂长老的脸以便取出长老的大脑。他们切下了长老尸体的脑袋，再将大脑切片分给部落的妇女吃。盖杜谢克在一旁静静地看着部落的仪式，并上前去领了一片长老的大脑切片。后来盖杜谢克通过研究发现，这恐怖的习俗便是让法雷人饱受库鲁病折磨的罪魁祸首。

记忆力衰退

运动能力丧失

科学家的研究

盖杜谢克一开始认为，库鲁病是由微生物引起的传染病。然而，他在长老的大脑切片中并没有发现可疑的细菌或是病毒，于是他将大脑切片的蛋白质研碎，以溶液形式注射入健康大猩猩的大脑内。一开始，他并没有什么发现，然而三年后大猩猩竟然开始出现神经性症状。可是盖杜谢克没有跳出这种奇怪的传染病只能由病毒这类病原体感染而引起的错误认知，从而得出了库鲁病的病原体是一种慢性病毒的结论。不过，盖杜谢克还是因为在这方面出色的研究获得了诺贝尔生理学或医学奖。

1978 年，第二名勇敢的科学家布鲁辛纳踏上了前往巴布亚新几内亚高地的旅程。布鲁辛纳打破一般认知，提出库鲁病是由蛋白质而不是病毒引起的全新观点。他还将这种蛋白质命名为 prion，来源于 proteinaceous infectious particle（蛋白质感染颗粒）的缩写。我们这位可爱的科学家非常高兴，认为自己取的这个名字很酷。如今，蛋白质引起库鲁病的说法被普遍接受。我国著名的生物化学家曹天钦院士将其翻译为“朊病毒”。然而，这个译名极易导致人们认为 prion 是一种病毒，所以“朊粒”的翻译其实显得更为合理。

感觉大脑被掏空

可怕的朊粒除了导致库鲁病之外，在人体中还能引发其他三种疾病：克－雅病、格斯特曼综合征和致死性家族型失眠症。加上库鲁病，这四种疾病都是死亡率几乎 100% 的不治之症。就拿致死性家族型失眠症来说，患者的睡眠困难会逐渐加重，最后彻底失眠，无法入睡，睁着眼睛等死。

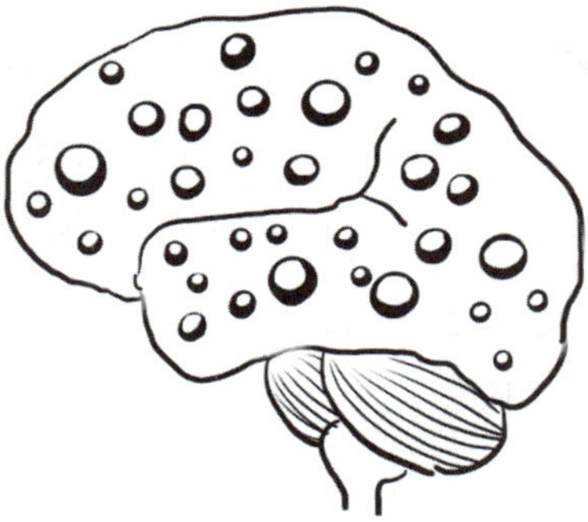
感觉大脑被掏空

除了人之外，朊粒在其他生物中也会引起可怕的疾病，比如羊瘙痒病以及在 1980 年英国大流行的疯牛病。由于朊粒很难失活，所以至今英国仍有大量未能处理的患疯牛病的牛尸体。它们大脑都呈现一个状态：海绵状——也就是有许多空洞。得了这种病，就能最真实地感觉到大脑被“掏空”。

由于朊粒具有累积效应，所以许多人认为朊粒是法雷人古老习俗同类相食的惩罚，但其实朊粒不仅仅会通过同类相食传播，比如盖杜谢克的大猩猩实验就证明了朊粒可以从人类传染给大猩猩，再比如人类食用感染疯牛病的牛肉之后也可能发病，都有力地证明了这一点。

朊粒：不！我可不是病毒

现在我们知道，朊粒其实并不是一种病毒，它只是一种具有传染性的蛋白质。“朊”就是蛋白质的别称，而有时称其为“病毒”只是指它具有传染性。不过可不能小瞧了朊粒，它的破坏力可丝毫不比病毒逊色。

病毒指的是“非细胞生物”，具有一些生命的特征，能够通过利用其他细胞进行复制，但没办法独立进行自我复制的生物。

朊粒与其他病毒主要的区别在于，它没有“基因链条”——核酸，也就是病毒有的单链 RNA，或者细胞有的双链 DNA；它的体积也比一般的病毒更小，可以穿过更多机体设下的保护屏障。

为什么这种蛋白质危害这么大呢？我们还是要从它的结构说起。

说到蛋白质，大家会想到什么？牛奶？鸡蛋？还是各种肉类？其实，蛋白质是由 20 种名为氨基酸的物质构成的。我们可以把氨基酸看成搭积木时的各种小木块，虽然木块只有那么几十种，但是我们却可以搭出各种各样的形状，像城堡、汽车等。所以你们别看氨基酸种类少，可是它们却能组成成千上万种蛋白质！氨基酸按一定的顺序连接成串，再经过一系列复杂的折叠弯曲就形成了立体的蛋白质。朊粒正是在折叠弯曲过程中出现了意外错误而产生的一种蛋白质。它在大脑中可以把与它氨基酸组成相同的蛋白质吸引过来，让这些正常蛋白质变成朊粒。这样，朊粒就在大脑中不断积累，拼命破坏我们的大脑，挖出一个个小洞，我们就渐渐失去了对身体的控制。这个过程就像是那些可怕的传销组织一样，传销头目不断地发展下线人员，逐渐形成了一个庞大的、危害社会正常秩序的毒瘤样组织。朊粒不断地在身体里“拉帮结派”，最后就成了损害我们健康的“邪恶军团”。

其实，神经性疾病发病机制与朊粒的致病机制有一些相似点，它们都是蛋白质折叠错误导致的大脑异常。所以一些威胁人类多年的疾病，比如阿尔茨海默病的研究与治疗都可以从朊粒研究中得到启发。

难以消灭的朊粒

因为朊粒的氨基酸组成与正常的蛋白质一模一样，所以保护我们身体健康的卫士——免疫系统就没有办法识别朊粒，这也是为什么朊粒的致死率高达100%。而在体外，我们也很难消灭朊粒，只有在极端高温下加热数小时或用化学剂才可以“杀死”朊粒，但是这两种方法在我们的日常生活中也很难做到。

需要注意的是，虽然朊粒是由错误蛋白质导致的，但这不是说错误蛋白质就一定会使人患病。其实我们的身体虽然精密，但不是完美万能的，它自己也会出错产生一些错误的蛋白质，不过这些错误蛋白质并不会让我们发病，因为它们的量很少。只有错误的蛋白质积累到一定的数量才会使人发病。所以朊粒实际上是较难传播的，只有吃了浓度极大的带有朊粒的东西（比如患有疯牛病的牛的肉）、家族遗传、医学感染（接触被污染了的手术器械或接受输血及血制品、器官移植）等才容易使朊粒传播。

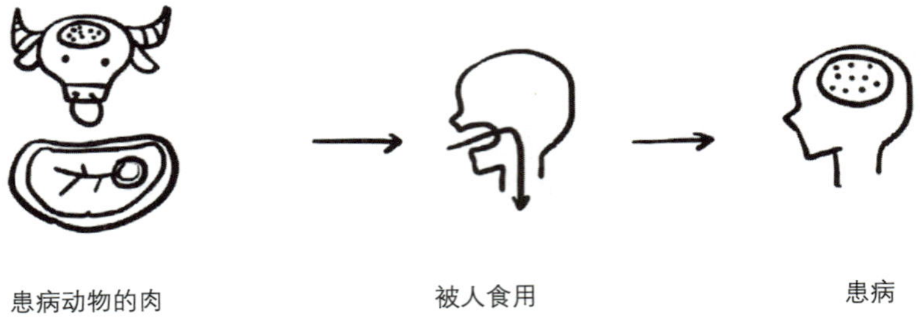

医生的话

想要预防朊粒导致的疾病，就要购买和食用正规渠道来源的肉类，不可以吃野味或是来源不明的肉。

朊粒耐高温，即使加热到 360 摄氏度，也有感染的能力。而我们家里经常用的植物油的沸点，也就是从液体变成气体的温度，也只有 160 ~ 170 摄氏度，故将肉煎熟不能消灭朊粒。

朊粒和人体各种神经系统疾病息息相关，具有重要的研究价值，或许有一天，人类科技能将这种曾经危害健康的“凶手”变成守护健康的“功臣”。

参考文献

[1] 包凤华.朊病毒致病机理的研究进展[J].国际病毒学杂志，2010，17（1）：27-31.

[2] 聂青和.人类朊毒体病的诊治及预防[J].临床内科杂志，2005，22（8）：508-511.

EB病毒

历史回顾

什么？90% 成年人都携带 EB 病毒？

不知道大家的嘴边有没有长过，或是看见过别人嘴边生出来一种红红的、痛痛的，还会脱皮的“口疮”？有时候我们疲劳、上火或是熬夜之后，这个顽皮的小家伙就会跑出来，给我们的生活增加一些小小的烦恼。殊不知，这种反反复复的“口疮”正是我们体内的 EB 病毒在作祟。

口疮：口疮指口腔部位发生的炎症，可以指许多类似的，包括口腔内发生的口腔溃疡、由白念珠菌引起的鹅口疮，以及长在嘴唇附近的成片水疱。本书中指后者，在一次感染后就会留在体内，偶尔在免疫力低下的时候复发。

EB 病毒（又称人类疱疹病毒或亲吻病毒），是一种圆形的由蛋白质和 DNA 组成的疱疹病毒，它可以专一性地感染人类和一些灵长类动物的 B 细胞(B 细胞是保护我们身体健康的一种免疫细胞)。1964 年，迈克尔·安东尼·爱泼斯坦和伊冯·巴尔发现了一种新型人类疱疹病毒，以他们的名字将这种病毒命名为 EB 病毒，这就是 EB 病毒名字的由来。

其实，EB 病毒存在于 90% 以上的成年人中，不过因为成年人的免疫力足以将 EB 病毒牢牢控制住，所以人们平时并不会意识到它的存在，然而在疲劳或上火之类免疫力下降的情况下，EB 病毒就会激活，进而让人们出现如“口疮”一类的症状。虽然大部分感染的成年人并没有症状，但是对于免疫力较低的儿童就不一样了，可能会出现咳嗽、发热等比较严重的上呼吸道感染症状。

你知道接吻病吗？

接吻是恋人之间普遍的行为，然而这一充满爱意的行为也可能成为疾病传播的途径——传染性单核细胞增多症，俗称接吻病，它就是由 EB 病毒引起的一种急性全身淋巴细胞增生性疾病。如果人们在青春期第一次出现大量的 EB 病毒感染，就会发病。感染者体内的 EB 病毒会潜伏在唾液中，而接吻不可避免地会使双方交换唾液，所以接吻（唾液）是该病传播的主要途径，接吻病的俗称也由此而来。除此之外，在卫生意识不够强的年代或地区，有些父母习惯将食物咀嚼后再喂食给婴儿，这也会导致接吻病的传播。

唾液传播：许多疾病都可以通过唾液传播。除了 EB 病毒导致的接吻病，还有流感等可以通过唾液传播的呼吸道疾病；唾液还可以传播幽门螺杆菌等消化道致病菌，也会增加患上口腔疾病的概率。

通过唾液传播后，感染人体的 EB 病毒会在口咽部和腮腺上皮细胞内增殖。下一步，EB 病毒将矛头对准了人体的“健康卫士”——B 细胞，这些被感染的 B 细胞在人体的循环系统中“畅通无阻”，就会进一步造成全身性的感染。对于成年人来说，这并不是一件很可怕的事情，大多数被感染的细胞都会被清除，只有少量被 EB 病毒感染的 B 细胞可长期潜伏存在。不过，对于儿童来说，EB

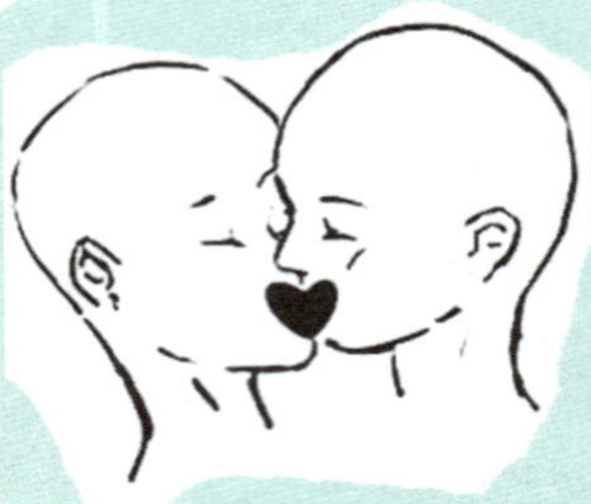
唾液传播

病毒可以蔓延到全身的各种器官，一般表现为发热、食欲减退、恶心、呕吐等症状。不过在某些情况下，有些人也可能会出现神经系统的异常，还是需要大家非常小心地提防 EB 病毒。

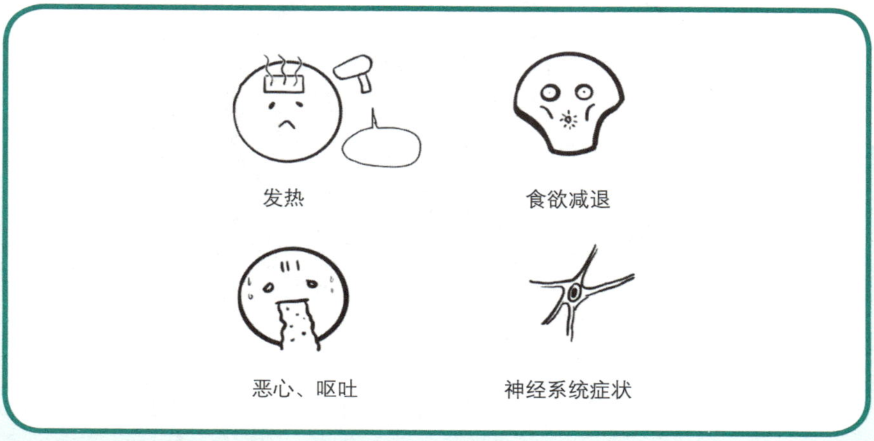

多种疾病背后的 EB 病毒

除了导致接吻病外，EB 病毒也是一种重要的肿瘤相关病毒，是引起流行于温热带地区的伯基特淋巴瘤、中老年易发的鼻咽癌与易发生在免疫缺陷患者如艾滋病患者身上的淋巴组织增生性疾病的罪魁祸首。

虽然 EB 病毒和这么多可怕的疾病相关，但大家也不必过于惊慌。EB 病毒在人群中其实十分常见，光是拿我国 3 岁左右儿童来说，EB 病毒感染率就在 90% 以上，且一经感染，终生都是 EB 病毒的携带者。幸运的是，EB 病毒总体上的致死率比较低，只有部分免疫力低下的人会出现较严重的临床症状：接吻病患者中，95% 的患者可以恢复，只有少数会出现脾破裂，如果患者能够避免剧烈运动，可大大降低脾破裂的风险。

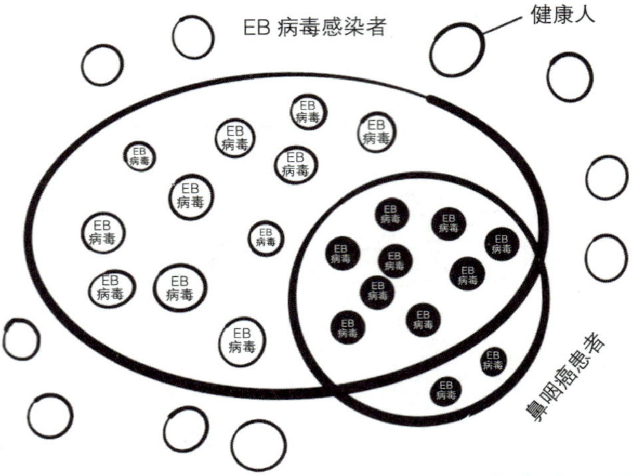

智慧的科学家们甚至还利用起了 EB 病毒与鼻咽癌的相关性，让它为人类服务。通过测定 EB 病毒抗体，人们能够对鼻咽癌进行早期细胞诊断，这也是为什么 EB 病毒是体检的一项常规项目。需要注意的是，如果大家或者家人的检查结果显示 EB 病毒 IgA 阳性，一定要定期到医院进行鼻咽部的检查，预防癌症的发生。不过感染了 EB 病毒不等于患有鼻咽癌，科学家们发现大约有 95% 的鼻咽癌患者感染了 EB 病毒，所以二者虽然相关，但 EB 病毒感染和鼻咽癌并没有必然联系。

不容忽视的“小家伙”

虽然对于很多人来说，自身的免疫力就足以对抗 EB 病毒，但也会有特殊情况发生，尤其是对于孩子们，大人们表达爱的亲吻很有可能会成为“死亡之吻”。在美国，有一个出生仅 18 天的宝宝玛丽安娜，因在亲友的亲密接触中感染了 EB 病毒，引发了脑膜炎而去世。还有 2 岁的西安娜，下半张脸因 EB 病毒几乎被毁，出现溃烂和永久性的红肿及瘢痕。因此，大家需要预防EB病毒感染，注意接触方式，实行分餐制，使用公勺、公筷；同时，要养成良好的个人卫生习惯，不随地吐痰，咳嗽、打喷嚏时遮掩口鼻，防止飞沫传播，从而保护好自己和家人的健康。

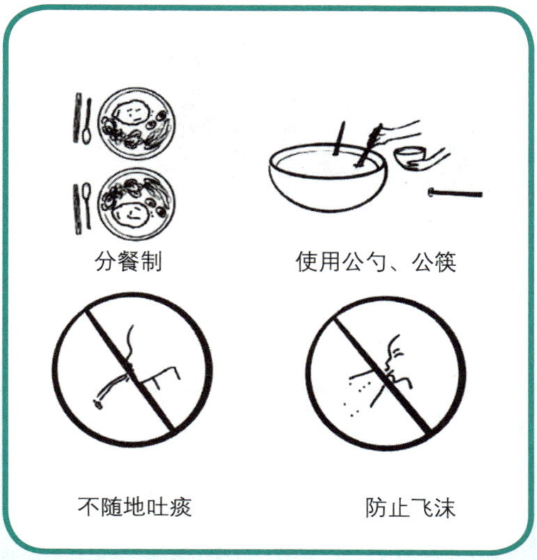

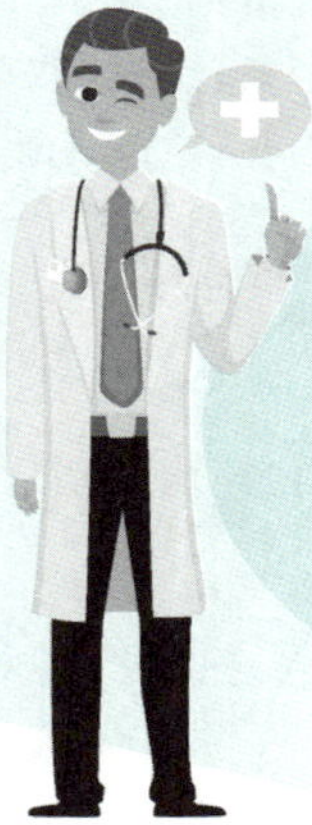

医生的话

儿童出现持续高热不退的症状后，在还没有查血确诊感染EB病毒之前，千万不可以使用阿莫西林进行消炎治疗，要不然很可能导致严重过敏反应。

EB病毒感染没有很好的治疗方法，但在大部分情况下，EB病毒引起的病症都可以被人体自身免疫系统解决，也就是自愈。

这个病毒虽然一直存在，但它的危害并不大。

参考文献

[1] 刘璐瑶，孙金峤，王晓川.EB病毒感染的免疫机制研究进展[J].中国循证儿科杂志，2017，12（3）：219-232.

[2] 李琴，谢琼.EB病毒衣壳抗原抗体、早期抗原抗体、EB病毒DNA检测对鼻咽癌的诊断、预后评估价值[J].临床和实验医学杂志，2017，16（4）：359-363.

[3] 肖楠阳，陈骐，蔡少丽.Epstein-Barr病毒的免疫调控与逃逸机制[J].微生物学报，2016，56（1）：19-25.

[4] 戴欣，黄文祥.原发EB病毒感染诊治进展[J].现代临床医学，2015，41（2）：103-106.

[5] 周志平，陈威巍，汤勃，等.EB病毒感染及其相关性疾病[J].传染病信息，2013，26（1）：57-60.

[6] 汪洋，许红梅.EB病毒的流行病学研究进展[J].国际检验医学杂志，2010，31（12）：1405-1407.

[7] 戚东桂，刘荣，韩军艳，等.Epstein-Barr病毒相关疾病的研究现状[J].国际免疫学杂志，2006，29（4）：252-256.

[8] 赵林清，钱渊.EB病毒感染及其相关疾病[J].中华儿科杂志，2003，41（10）：797-799.

汉坦病毒

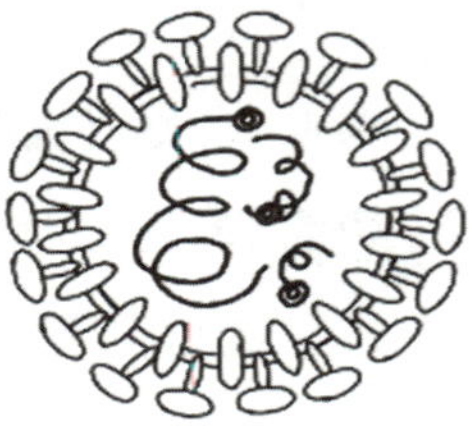

历史回顾

小鼠身上的“千面病毒”

2020年3月23日凌晨4时，一辆途经陕西省的大巴车上，一位务工人员突然倒地不起，被送到医院紧急救治后被查出汉坦病毒阳性、患有流行性出血热。大家不禁困惑，怎么又来了一种“新”的病毒？

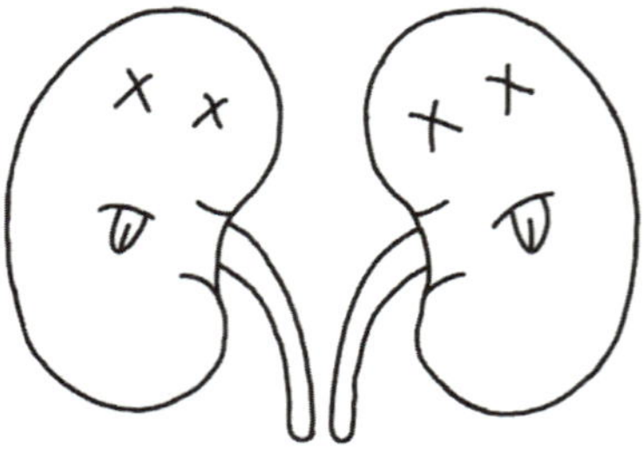

肾衰竭

流行性出血热，又叫肾综合征出血热，是一种由汉坦病毒引起的烈性传染病。其实早在20世纪，流行性出血热就曾在我国多次大范围地暴发，对我国公共卫生安全带来了很大威胁。1986年，中国流行性出血热年度确诊病例数曾高达11.5万例，成为当时仅次于病毒性肝炎的第二大传染病。

为了防止流行性出血热再次蔓延，中国人民群策群力，靠着拧成一股绳的劲儿最终将疫情控制了下来。让我们走进汉坦病毒的前世今生，去看一看前辈们走过的艰苦岁月……

汉坦病毒可不是吃素的，为了完成入侵人类的邪恶计划，它发誓自己不能窝在山沟里，因此，它选定了一个绝佳的宿主——老鼠。

要知道早在中世纪，老鼠就曾带着鼠疫杆菌在欧洲掀起一场腥风血雨。汉坦病毒打算借鉴前辈的“成功经验”，它静静地在老鼠体内蛰伏，终于它等到了一个绝佳的机会——战争！

虽然汉坦病毒平时寄生的黑线姬鼠只生活在野外，但打仗开辟的战壕却为它们提供了接近人类的绝佳机会。就这样，第一次世界大战、第二次世界大战相继爆发的时候，它也趁机跑来捣乱。它来得悄无声息，染上病的士兵们发热、虚弱、疲惫，接着发生肾衰竭，最后死去。人们难以分辨这种疾病的真实面目，甚至用症状给它命名，于是它就有了“肾水肿”“传染性肾衰竭”这么多的名字。

而此时汉坦病毒也开始将魔爪伸向中国。在中国，人们将这种疾病称为流行性出血热。汉坦病毒在进入人体后主要攻击肾脏，因此很少出现人传人现象。汉坦病毒主要由人接触老鼠排泄物或被老鼠排泄物污染的空气传播。当时国家落后贫穷，人们生活环境恶劣也给汉坦病毒的传播提供了绝佳条件。

中国流行性出血热最早于1955年秋冬在东北林区暴发，而后蔓延至安徽、上海等地。当时的科学家前往安徽调查发现，在疫情集中暴发的一处工地上，工人们睡在稻草铺的地铺上，这也吸引了更多的老鼠，在这里，先后有 82 人感染流行性出血热。

进入 20 世纪 60 年代，流行性出血热年度确诊病例数上千。科学家们试图通过灭鼠来控制流行性出血热，但由于灭鼠技术落后，收效甚微。到了 20 世纪 70 年代，流行性出血热发病率继续升高，年度确诊病例数上万。

1978 年，韩国科学家从汉坦河边的黑线姬鼠身上分离得到了汉坦病毒。而 1982 年，中国科学家从中国的疫区分离得到了汉城病毒——汉坦病毒家族中的一员，主要由家鼠携带传播，在中国城市和农村居民区内流行。

揭开了病毒的真面目，科学家们和病毒的拉锯战才正式拉开帷幕。20 世纪 80 年代，人们的生活逐渐富裕起来，农村的农民有很多卖不出去的粮食堆在家里导致了老鼠的泛滥，也给了汉坦病毒肆虐的机会。到了 1986 年，流行性出血热年度确诊病例数竟超过 10 万，这时的人们都变得紧张不安起来。

但好在我们人民大众的背后是政府这个永远坚实的依靠，有了国家的保障，便能无往不胜。1986 年 6 月，国务院多次召开会议，要求在全国城乡开展全民性灭鼠工作，全国人民从上至下协同作战，各部门各司其职，在全国各地掀起了群众性灭鼠高潮。经过灭鼠，流行性出血热的病例数年年下降，疫情得到了有效控制。

而应对病毒的终极法宝——疫苗的研制也被提上了日程。当时疫苗的研制集合了多个科研单位的力量，由国家提供经费重点支持。在经过了长达 5 年的严格临床观察后，才最终给大众接种疫苗，严格保障了大家的安全，同时实现了老百姓“打一针不得病”的期盼。

从 20 世纪 90 年代后期到现在，由于疫苗技术的成熟，流行性出血热的发病率逐年下降，到现在虽然仍有散发病例，但已经没有集中暴发的可能，而这一切，与国家的强盛、科技水平的提高密不可分，在强大的国家力量面前，再聪明狡诈的病毒也是十分渺小的！

趣 闻

美国疾病预防控制中心（CDC）有这样一对革命夫妻——约瑟夫－麦克科密克和他的夫人苏珊·费希尔－霍克，他们都是顶级病毒学家。这对“病毒猎手”常年奔走在各国，亲身与病毒作斗争。苏珊曾来中国华山医院考察流行性出血热的情况，这里是中国流行性出血热的主战场。

虽然当时中国医疗水平落后，但在苏珊考察期间，华山医院所有危重患者经过救治都转危为安，没有出现患者死亡的情况，这一点让苏珊钦佩不已。这要归功于当时医生们的辛勤付出，院方将华山医院整整两层楼用于收治传染患者，根据患者发病的时期安置患者，对每一位患者都尽全力治疗，用真心关怀照顾。

在对中国农村进行严密的考察后，苏珊对当地的村民感到深深的同情，于是当她听说当地的灭鼠笼不方便运输使用后，她主动向美国 CDC 申请运来了大量小型的灭杀型鼠夹，解决了当地的燃眉之急，也为两国进一步沟通互助搭建起友谊的桥梁。

这位善良的科学家告诉我们，在病毒面前，全世界人民需要互相帮助，共同抵御疾病。

汉坦病毒的介绍

大家好，我的名字叫汉坦病毒。

和之前病毒家族们的伙伴一样，我的身体由两部分组成，除了

里面的“心脏”，外面还有一层特殊的保护壳。这件外壳除了可以保护我不被外来的敌人侵害之外，同时还可以通过表面的一些特殊物质，骗过人类的细胞，帮助我偷偷进入细胞里面潜伏起来。

如果有人不幸被我感染，我会先在他的体内潜伏 7 ～ 14 天，当然，对于不同的机体我也会灵活变换我的策略，潜伏时间短至 4 天，长至 2 个月。在被我感染的前三天，患者的症状会和普通的感冒非常相似，早期主要以发热、咽痛、咳嗽、流涕等症状为主，让人们容易掉以轻心。三天以后才会出现典型的症状，如“三痛”（头痛、腰痛、眼眶痛）、“三红”（眼红、面红、胸颈红）。

如果在被我感染的早期，患者及时找到了医生寻求帮助，几乎都可以治愈，有部分免疫力比较强的、症状较轻的患者甚至会无视我的影响，凭借着自己的免疫力痊愈。但少数患者因为多重原因，比如本身就患有心脏病、肝硬化等其他高风险疾病，症状可能较严重，累及多脏器、多系统，可能进展为危重症甚至死亡。

防治方法

那么，在生活之中有什么方法能避免被汉坦病毒感染呢？

首先，可以从汉坦病毒的主要寄主——老鼠下手。

防鼠灭鼠是预防本病最重要的手段，所以平时要防止老鼠进入室内，确保家里及工作场所没有老鼠，妥善保管好粮食、食物及生活垃圾。老鼠爬过的一些器具要用巴氏消毒液消毒后再用，避免因为接触老鼠的唾液而导致流行性出血热的发生。家中如果有老鼠药，可以在隐秘的地方放一些，也可以用老鼠夹或者是驱鼠胶来进行灭鼠、驱鼠。

其次，就是注意个人卫生：不直接用手接触鼠类及其排泄物，不要随意坐或者躺在草堆上，平时生活中防止皮肤破裂，伤口要及时消毒包扎。去野外郊游时，要穿袜子，扎紧裤腿、袖口，以防螨虫类叮咬。

最后，随着科学技术的进步，针对汉坦病毒的特定疫苗已经研制成功，注射一次可以保证 3 ～ 5 年的安全，这也是个人预防汉坦病毒感染最有效的办法。

当然，如果怀疑自己感染了汉坦病毒，应尽早去医院就医，早期的治疗和预防性治疗对汉坦病毒感染的预后起着决定性因素。不幸确诊之后，一定要立刻卧床休息，减少活动，到有条件的大医院进行治疗，避免长途转送加重病情。

此外，值得注意的是，虽然不是所有的老鼠都携带汉坦病毒，但如果大家在生活中或者在实验室里不慎被老鼠咬伤，要尽快做消毒工作，先用清水和肥皂水冲洗伤口，尽量把老鼠咬破的地方的血液挤出来，然后再使用医用酒精消毒。如果伤口比较小，可以直接用沾了酒精的棉签擦拭；如果伤口比较

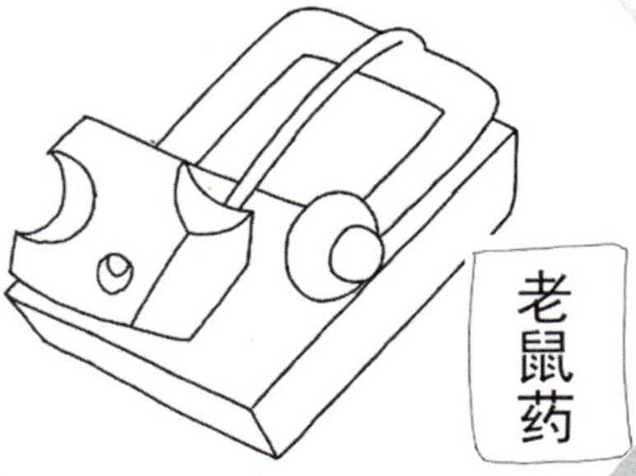

严重，建议直接在伤口处倒酒精。处理过的伤口不要包扎，要敞开透气，并尽快去医院接受治疗。

医生的话

大家一定要注意个人卫生哦！

发现家里有老鼠一定要及时告诉爸爸妈妈，尽快灭鼠哦！

被老鼠咬伤要记得及时消毒并去医院治疗哦！

参考文献

[1] 张永振，肖东楼，王玉，等.中国肾综合征出血热流行趋势及其防制对策[J].中华流行病学杂志，2004，25（6）：466–469.

[2] 颜迎春，李悦，吕东霞.肾综合征出血热流行病学研究与防治现状[J].中国热带医学，2008，8（3）：465–467.

[3] 刘勇，徐志凯，闫岩，等.汉滩病毒S基因5’端311bp编码蛋白的原核表达、纯化及其抗原性分析[J].第四军医大学学报，2002，23（5）：419–422.

流行性乙型脑炎病毒

历史回顾

蚊虫与流行性乙型脑炎

2003 年 8 月，家住农村的李女士忽然无缘无故地发热，并感到全身无力，她不停地咳嗽、咳痰，身体也总是表现出恶心与呕吐的症状，而她的体温，更是一度达到了 40 摄氏度。身为护士的她，虽然身体向来健康并且免疫力强，但出于对疾病的警惕，她立马随家人去往了医院。

当地医院了解到李女士的病史与症状后，发现李女士居住地蚊虫较多，且没有注射过流行性乙型脑炎疫苗，综合判断后得出李女士感染了流行性乙型脑炎病毒（简称乙脑病毒）的诊断。本着早期抗病毒、降温，后期促意识恢复等治疗原则，医生先是给予了李女士名为利巴韦林的药物进行治疗。然而，李女士却不见好转，体温不降反升，甚至出现了意识不清、牙关紧闭、四肢屈曲等症状。医生便在治疗中相继采取了多种针对性措施诸如使用清开灵和氨苄西林等药物，以及对李女士的气管进行开刀手术、肺部 CT 检查等医疗手段，并加强日常的护理（定时翻身吸痰等）、重点注意吞咽和语言、智力的恢复方式等促进康复。终于，李女士在与病毒经过 62 天的漫长斗争后，恢复了健康。

事实上，在流行性乙型脑炎的治疗中，尤其需要注意把握好高热、抽搐和呼吸衰竭这三关，可以大大降低死亡率。一些诊断的技术诸如 CT、脑电图等也发挥了较大的作用。

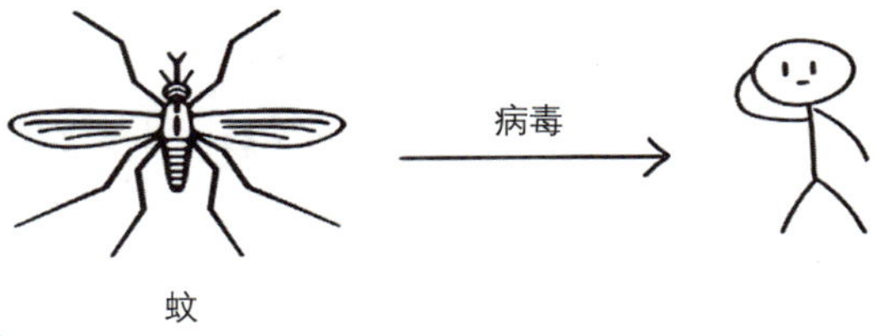

乙脑病毒的身份证

1935 年，日本学者首先从由于脑炎而去世的患者的脑组织中提取到了乙脑病毒，因此国际上又把它叫作日本脑炎病毒。那么，这种病毒究竟是如何给人类带来疾病的呢?

在我们国家，乙脑病毒的传播媒介主要为三带喙库蚊。当蚊子被这种可怕的病毒感染后，病毒最先侵入它们的中肠细胞，进而侵犯蚊子的唾液腺和神经组织，并再次在蚊子体内繁殖，使蚊子终身携带病毒并可经它们的卵传代，使这一代代的蚊子成为传播媒介和贮存宿主。

在热带和亚热带，这种蚊子终年存在，它们和动物宿主之间形成病毒持久循环。在温带，鸟类是自然界中的重要贮存宿主。病毒每年或通过候鸟的迁徙而传入，或在流行区存活过冬。

有关病毒越冬的方式有三种：一是蚊感染鸟类，建立新的鸟—蚊—鸟循环。二是病毒可在鸟、哺乳动物、节肢动物体内潜伏越冬。科学家们的实验表明，自然界中蚊与蝙蝠也息息相关。蚊将乙脑病毒传给蝙蝠，受感染蝙蝠在10摄氏度内，不产生病毒血症（即血液中不存在病毒），可持续存在达3个月之久；当蝙蝠返回室温环境3天后，出现病毒血症（血液中出现病毒），构成蚊—蝙蝠—蚊的循环。第三种是冷血脊椎动物为冬季贮存宿主（如蛇、蛙、蜥蜴等）。家畜和家禽在流行季节感染乙脑病毒后，病毒在其体内可增殖，侵入血流，引起短暂的病毒血症，成为乙脑病毒的暂时贮存宿主，经蚊叮咬反复传播，成为人类的传染源。

当携带病毒的雌蚊叮咬人类时，病毒随蚊虫唾液传入人体皮下。先在毛细血管内皮细胞及局部淋巴结等处的细胞中增殖，随后有少量病毒进入血液成为短暂的第一次病毒血症，此时病毒随血液循环散布到肝、脾等处的细胞中继续增殖，但是此时不会出现严重可怕的病症。经4～7天潜伏期后，在体内增殖的大量病毒“军队”再侵入血液造成第二次病毒血症，引起发热、寒战及各种不适等症状，如果幸运的话，病毒不再继续扩增，患者几天后就可以自行痊愈。

但少数患者（大约为0.1%）体内的病毒可以通过血—脑屏障进入脑内增殖，引起大脑中各种组织发炎，进而造成神经细胞坏死、毛细血管栓塞，甚至出现组织坏死和脑组织软化等严重病症。这些患者表现为高热、意识不清、抽搐、颅内压升高以及脑膜刺激征。可怜的重症患者们可能会死于呼吸衰竭，或者一些患者病后会遗留失语、强直性痉挛、精神失常等严重后遗症。

那么为什么有些患者可以自己“医治好”自己的身体，而有些患者却会出现非常严重的病症呢？这与病毒的能力、侵入机体数量及感染者的免疫力有关。病毒流行区域的成年人大多数都有一定免疫力，即使感染也能自行痊愈，但是大家可要当心了！由于年龄较小，儿童往往缺乏免疫力，因此感染后容易发病。所以大家一定要健康饮食、适当锻炼，增强自己的免疫力，才能逃离病毒的毒手。

被病毒感染 4 ～ 5 天人体内可出现血凝抑制抗体（一种可以消灭病毒的蛋白质），2 ～ 4 周抗体的数量以及免疫力达高峰，可以持续大概一年。中和抗体约在病后 1 周出现，于 5 年内维持高水平，甚至维持终身。这也就是为什么流行区的人们的免疫力要更强：流行区人群每年不断受到携带病毒的蚊叮咬，逐渐增强免疫力，抗体阳性率常随年龄增加而增高，例如北京市 90% 的 20 岁以上成年人血清中含有中和抗体。因此本病多见于 10 岁以下的儿童。而这也是为什么抗体阳性率常随年龄增加而增高，流行性乙型脑炎常见于 10 岁以下的儿童而非成年人。

除了增强免疫力以外，还有什么方法可以避免这种可怕的疾病呢？由于目前还没有药物可以有效地治疗流行性乙型脑炎，因此科学家们只能从传播途径和预防接种两方面对流行性乙型脑炎进行防治。从传播途径来看，防蚊、灭蚊是最容易且最高效的方式。而预防接种则不仅针对人类，同时还针对可能将病毒传染给人类的动物宿主。

南海的“拦虎关”

流行性乙型脑炎又称为日本乙型脑炎，主要分布在亚洲地区，经由蚊虫传播，多见于夏秋季，年老体弱者及儿童患病概率相对较高，临床上急性发病，以高热、意识障碍、脑膜刺激征为特征，常留下神经系统后遗症或造成患者死亡，属血液传染病。

而在2014年，这个病毒又在南海现身了。根据《南方日报》记者的报道，当时南海出入境检验检疫局在对最近一批捕获的口岸蚊媒进行检测时发现，该蚊媒乙脑病毒核酸抗体检测呈阳性，也就是携带乙脑病毒，这是南海口岸首次检出此种病毒。如被该蚊媒叮咬，会有一定概率患流行性乙型脑炎。

当时的南海出入境检验检疫局反应迅速，立马在蚊媒捕获区域实施了大规模的灭蚊消毒处理。为做好南海口岸蚊媒传染病的防控预警工作，南海出入境检验检疫局从2014年5月开始，每月分上下旬对南海口岸蚊媒进行监测。该局采取定专人、定时间、定地点、定方法、定器械的“五定原则”，依据区域内不同生存环境设定多个布控点，采用灭蚊磁诱捕法对蚊媒进行捕捉，并将捕获的蚊媒送至广东出入境检验检疫局生物安全防护三级实验室行病原体检测，

同时，南海出入境检验检疫局提醒口岸部门工作人员及口岸附近居民要加强锻炼、提高身体素质，在户外活动时注意个人防护，减少患病概率。夏季是东南亚流行性乙型脑炎流行高发季节，来自南亚地区的货物装箱、货物开柜时要注意灭蚊，慎防蚊虫叮咬，如有发热、头痛应及时就诊。

医生的话

1. 夏天来了，不仅要注意个人卫生，对蚊虫叮咬的防护也是必要的。

2. 大家不能讳疾忌医，如果有身体不适一定要及时就医。加强锻炼是自我防护的重要措施。

参考文献

［1］DAS B P.Mosquito Vectors of Japanese Encephalitis Virus from Northern India：Role of BPD hop cage method[M].New Delhi：Springer India，2012.

［2］TURTLE L，SOLOMON T.Japanese encephalitis–the prospects for new treatments[J].Nat Rev Neurol，2018，14（5）：298–313.

［3］VAN DEN HURK A F，RITCHIE S A，MACKENZIE J S.Ecology and geographical expansion of Japanese encephalitis virus[J].Annu Rev Entomol，2009，54：17–35.

［4］南海首次检出流行性乙型脑炎病毒[EB/OL].[2014–08–22].https：//www.chinanews.com/df/2014/08-22/6520794.shtml.

水痘 - 带状疱疹病毒

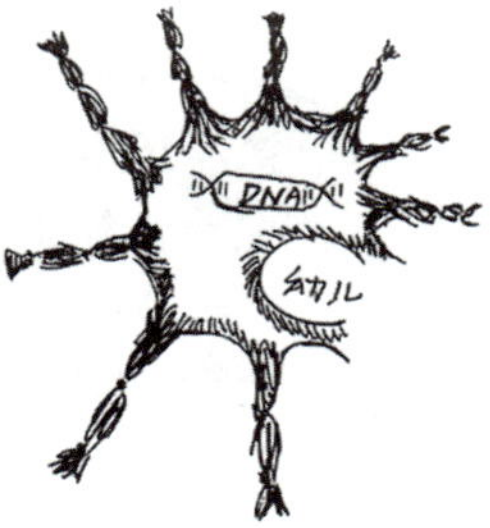

历史回顾

许多小朋友的亲身经历

回想上学的时光，你是否有过以下经历：老师统一检查每位同学是否感染水痘，放学后喷洒消毒液预防水痘，听说过水痘集中暴发导致小学或幼儿园停课隔离的事例……甚至可能有人亲身经历或目睹过水痘患者出现发热和红色水疱。

学校隔离水痘疑似患者的行为在我们小时候绝对是一种既新奇又让人害怕的体验，水痘在儿童中的发病率是很高的，其原因主要是由于水痘属于病毒感染，加之主要通过呼吸道飞沫传染，传染性很强，常常能够在幼儿园以及小学发现聚集性暴发，尤其春冬季节，属于水痘的高发期。

其实，水痘不止在儿童身上能够发生，成年人也有相似情况，引发这些疾病的共同元凶是水痘 – 带状疱疹病毒。在初次感染水痘康复后，在患者身体内部仍潜伏着没有完全消灭的水痘 – 带状疱疹病毒。因此，虽然不常见，但能看到个别患者再次因体内病毒而引起带状疱疹，所以，我们称这种病毒为水痘 – 带状疱疹病毒。

带状疱疹是生活中常见的一种疾病，在诊室里，我们常常能看见成年人因此病前来就诊。除此之外，这种疾病也常见于免疫缺陷以及免疫抑制性疾病患者，曾患过水痘的患者可存在有少量的水痘 – 带状疱疹病毒潜伏于脊髓后根神经节，或是脑神经的感觉神经节中。之后，在外伤、发

热等因素作用下，潜伏在神经节内的病毒被激活，活化的病毒经感觉神经纤维的轴突，来到皮肤区，最后，再次引起带状疱疹。

那么，这种病毒的“庐山真面目”究竟如何，它是如何引起这两种疾病，两者之间又有什么关系呢？让我们一起走近这一“最熟悉的陌生人”——水痘－带状疱疹病毒。

水痘？带状疱疹？

水痘－带状疱疹病毒，英文学名为 varicella-zoster virus，简称 VZV。最外层是糖蛋白刺突，结构依次向内递进为脂质包膜、被膜、核衣壳和携带遗传信息的 DNA。根据目前的研究发现，人类是水痘－带状疱疹病毒的唯一自然宿主，我们暴露在空气之中的皮肤是病毒的主要攻击对象，即病毒的主要靶器官。人类初次感染病毒通常为婴幼儿和学龄前期，所引起的急性传染病就是水痘。之后，几乎没有可能再得一次水痘。但是，病毒会潜伏在体内，当免疫功能下降，这种病毒可能会带来另一种急性感染性皮肤病——带状疱疹。

首先来说一说水痘。水痘－带状疱疹病毒传染源主要是水痘和带状疱疹患者，患者水痘中的内容物以及呼吸道分泌物内都携带着病毒。病毒经呼吸道黏膜或眼结膜进入身体便迅速大量复制，通过血液扩散至全身，特别是皮肤。而常能见到的上皮细胞肿胀，积累的组织液在皮肤表面兀然突出，全身皮肤出现丘疹、水疱，有的因感染发展成脓疱疹，经 2 周左右的潜伏期便会出现。皮疹呈向心性分布，躯干比面部和四肢多。而口腔、咽部、眼结膜、外阴、肛门等处也有水疱出现。

空气飞沫 / 疱疹液直接接触

水痘传染性强，传播途径主要是呼吸道飞沫或直接接触传染。水疱液中含有大量的感染性病毒颗粒。有相关经历的朋友可能了解，水痘最初发病时较急，年长儿童和成人在皮疹出现前可有发热、头痛、全身倦怠、恶心、呕吐、腹痛等症状，小儿则会有皮疹和发热等全身症状同时出现。

很多家长和小朋友会担心，病好后会不会留疤呢？在患水痘一周之内，刚刚遭遇皮疹的患者便开始焦虑，同时出现小块细细的红斑，这是起初的红色斑丘疹。皮肤表面发痒，很多小朋友忍不住动手抓挠皮肤，但这是不可取的，很有可能会留下瘢痕。若护理得当，在脱痂之后，是不会在原本光洁的皮肤上留下瘢痕的。

带状疱疹也是由水痘–带状疱疹病毒引起的急性感染性皮肤病。在水痘痊愈后，病毒会在脊髓后根神经节或脑神经的感觉神经节中永久潜伏。

随着我们的逐渐衰老，免疫力也在逐步下降，同时也给了病毒可乘之机。病毒可能会抓住这个机会，重新来到皮肤细胞中，卷土重来，再次引发带状疱疹。很多时候或许我们不知情，感染后成为携带病毒者而没有出现症状。

和水痘不同的是，由于病毒顺着神经扩散，往往会在胸背部、腰部、颈部产生片状的成群的水疱，入侵面部的三叉神经时，会产生面颊部、眼部带状疱疹。皮疹一般由集簇性的疱疹组成，并伴有疼痛；年龄越大，神经痛越重。而在皮疹愈合后仍持续 1 个月及以上的疼痛，称作带状疱疹后神经痛，是带状疱疹最常见的并发症。

带状疱疹以成人发病为主，春秋季节多见，发病率随年龄增大而显著上升。

坚决预防传播

接种水痘减毒活疫苗，是目前大多数家庭主要选择的预防手段。这种病毒疫苗的发现还要追溯到 1974 年，日本微生物学家高桥理明从一名患天然水痘男孩的疱液中分离到水痘 – 带状疱疹病毒，并通过连续繁殖使其毒性降低。该病毒通过培养经历进一步传代，建立疫苗毒种，是当今世界广为应用的疫苗毒种。由于老年人对疫苗的反应较弱，故老年人患有带状疱疹的概率较高。如今，新的活疫苗减毒手段和对病毒基因组的破译在加强疫苗保护效果方面上显得尤为重要，并可能成为未来该疫苗新的研究方向。

还有一种方法是注射水痘 – 带状疱疹免疫球蛋白，这种方法能在一定程度上阻止新生儿、孕妇或免疫力低下接触者的感染和疾病的发展，算是一种亡羊补牢的措施。

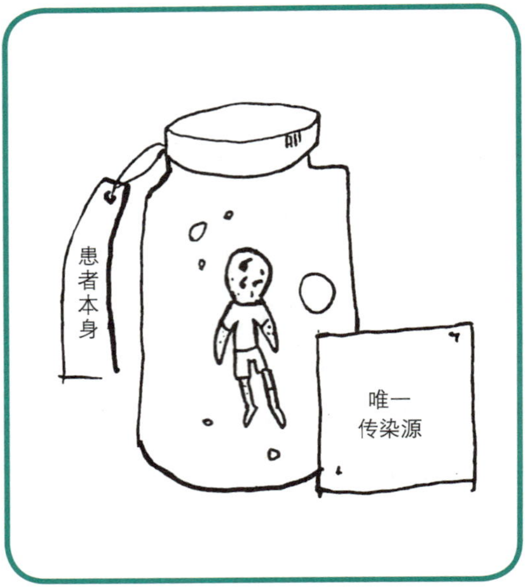

水痘 – 带状疱疹病毒的危害不容小觑，在我们的生活中也可以采取一系列的措施来减少或预防其传播。除了在开头提到的在高发季节校内喷洒消毒水，还可以勤开窗通风，

平时要注意环境的清洁、空气的流通。

如果身边有出疹期水痘患者，要严格隔离，直到全部疱疹结痂。被水痘患者污染的东西，应当用煮沸或日晒等方式充分消毒。在水痘流行期间，体质差的人更应当避免出入人员过于密集的场所，例如医院、游乐园、大型商场等。

此外，注意卫生，饮食洁净，作息时间规律也非常重要。除了从传播途径上遏制病毒传播，更可以直接选择接种水痘减毒活疫苗来杜绝其感染，目前，不少学校都会组织集体的疫苗接种。

最熟悉的陌生人

我们所熟知的水痘，却也有着许许多多我们不知道的秘密。我们能够看到的是起疱疹、发热这些症状，但它也可能在不知不觉中引起其他各种器官病变和细菌感染。

水痘–带状疱疹性葡萄膜炎，是一种非常严重的眼科疾病，如果忽视该病症且不及时治疗，甚至可能会导致丧失视力。这种疾病的发作主要是人体被病毒感染，可能是先天性因素所引起的，也存在后天获得性因素所导致感染的可能性，最终就会演变成眼部炎症病变。

由水痘皮疹所引起的继发细菌感染，则可能导致疾病更加深入，症状更加严重，破坏人体的防护墙——皮肤，使我们的身体逐渐被疾病攻克。

因此，水痘－带状疱疹虽为我们所知，但亦不能小觑。我们要对疾病与致病性微生物怀着“敬而远之”的心态，不轻视但也不害怕，积极预防，增强体质，如果不幸感染也要配合治疗，切忌被“最熟悉的陌生人”偷袭！

参考文献

[1] 徐冰，王树巧，谢广中.水痘疫苗及其免疫策略[J].中国计划免疫，2005，11（3）：238-242.
[2] 李崇山，鲁礼瑞，陆菁，等.水痘-带状疱疹病毒基因特征分析[J].疾病监测，2009，24（3）：168-171.

衣原体

历史回顾

小小身体，大大能量

1815年，拿破仑带领士兵在滑铁卢和敌军进行激烈的战斗。在一个最紧要的关头，拿破仑的军队里突然暴发了一种很奇怪的眼病。患病的士兵眼睛红肿，无缘无故地流泪，视物模糊不清，害怕光照射，仔细一看，会看到眼皮里布满了米粒一样大的颗粒，有的人甚至因为这突如其来的眼病失去了视力！并且更可怕的是，这种眼病还能够传染，且传播速度非常之快，一下就蔓延到了军队的各个角落，致使军队里的士兵失去战斗能力。随行的医生们想尽了方法，翻遍了医书也无济于事。这对目前的战况无疑是致命打击！拿破仑看着局势越来越不明朗，越来越着急，在暴怒之下杀掉了一大批随行医生。最终，这场战役，也就是历史上颇为出名的滑铁卢战争，以失败告终。不知道大家有没有听说过这样的俗语：事业遭受滑铁卢。滑铁卢的典故就是从这里而来。

那么，大家猜到这种眼病是由什么引起的了吗？没错，就是我们今天的主人公——小小身体，大大能量的沙眼衣原体。

衣原体的“真实面目”是什么？

支原体是自然界能够稳定存在的最小的微生物。并且它还没有人体所有的细胞核，是一种原核生物。跟支原体相似的是，衣原体也是一种极小的原核生物，它比细菌小，但大于病毒。与支原体不同的是，衣原体有自己的细胞壁。

衣原体只能在细胞内寄生，一般寄生在动物细胞内，是一种专在细胞内生长的微生物。寄生的意思通俗地讲就是离开细胞，衣原体就不能活了。衣原体是一种不能合成三磷酸腺苷（ATP）、鸟苷三磷酸（GTP）的生物，ATP、GTP 是细胞的直接供能物质，就像我们拿钱去买吃的时用的“零钞”，以小小的个体为单位供应能量。所以 ATP、GTP 等直接供能物质是每一个想要独立生存的生物所必有的。而我们的衣原体却没有合成这两者的能力，所以它只能通过寄生，由宿主细胞提供这两者，因而成为一种能量寄生物。

衣原体种类不如支原体丰富，常见的有四种衣原体：沙眼衣原体、肺炎衣原体、鹦鹉热衣原体、家畜衣原体。衣原体和支原体的形态多样也不同，衣原体多呈堆状、球状。

衣原体做了哪些“坏事”？

这是与支原体“同流合污”的衣原体——肺炎衣原体。

既然和支原体有这么多不同，为什么说它和支原体“同流合污”呢？是因为支原体中的肺炎支原体、衣原体中的肺炎衣原体是肺炎、支气管炎及其他呼吸道感染的常见病因。

肺炎衣原体肺炎是肺炎衣原体感染导致的肺部急性炎症，主要通过飞沫、接触进行传播，这一点和支原体肺炎很相似。患者可以通过打喷嚏、咳嗽传播肺炎衣原体，如果人们接触到含有肺炎衣原体的飞沫，或者直接触摸患者的嘴和鼻，就有可能感染上衣原体肺炎。由此可见，通风不良、免疫力低下是肺炎衣原体肺炎的高发因素。

肺炎衣原体肺炎的患者群体很广泛，任何人都有可能患病。8 岁以上的儿童和青少年是高发群体，占比约为 20%。所以这个年纪的群体更需注意这个病的发生！另外，免疫力较低的老年人也容易患上这个病。所以衣原体肺炎的预防方法之一就是提升免疫力！

肺炎衣原体肺炎一年四季都可以发生。同样的，在学校、军队、菜市场等人员密集、通风条件又差的地方，肺炎衣原体肺炎可以形成小范围的流行。所以在传染病高发时节，应尽量避免去人员密集的地方，在人多的场所佩戴口罩，这些都是有科学依据的、十分必要的。

不同于细菌和病毒，肺炎衣原体侵入呼吸道后，直接黏附在呼吸道细胞的表面，破坏呼吸道黏膜上的纤毛。什么是纤毛呢？大家可以把肺简单想象成一个毛绒球，其上的一根根绒毛就是纤毛。当有一滴油滴在毛绒球上，绒毛们就赶紧团结起来，把这滴油扫开。同理，纤毛的作用就是通过自身的摆动，将靠近肺部的污渍推走，达到清洁的作用。肺炎衣原体肺炎破坏纤毛，也就是破坏肺的天然的自身清洁系统，这也有利于其他病原体的感染。

肺炎衣原体感染人体后，病程较长，一

些不适症状像咳嗽可以持续 1 ～ 2 个月！患者症状通常较轻，常表现为发热、寒战、干咳、喉咙痛、头痛，乏力等症状，并可能伴随有咽炎、喉炎、鼻窦炎等症状。而支原体肺炎有持续的阵发性咳嗽，患者有可能出现较重症状，甚至威胁生命！该病的最初表现为喉咙痛、头痛、声音嘶哑、鼻塞、流鼻涕等和流感很相似的症状，此时就应该拉响心中警铃，不能因为症状常见就任之不管。经过 1 ～ 4 周会出现发热、干咳的典型症状，一些患者前期出现咽喉肿痛时及时对症治疗，就可以痊愈。而没来得及对症治疗的患者，1 ～ 3 周后可能出现咳嗽加重、呼吸加快等症状。

关于治疗，其实大多数患者不用药物治疗，可以通过调节饮食、作息等自然康复。若出现发热、干咳，则需根据情况进行对症治疗。

沙眼衣原体

别看沙眼衣原体名字含沙眼，其实它有 15 个血清类型，而不同的血清类型可以引起不同的疾病。这 15 个血清型又分为 3 个生物型，即小鼠生物型、沙眼生物型、性病淋巴肉芽肿生物型。它所引发的疾病多种多样，这里我们只来谈谈最常见的一种：沙眼。

沙眼主要经直接或间接接触传播，即眼和眼、眼到手到眼的途径传播。该病发病缓慢，早期会出现眼角的急性炎症，表现的症状有流泪、分泌黏液、眼睛充血等。后期会出现倒睫、眼睑内翻而引起的眼角膜损害，进而影响视力，甚至导致失明。

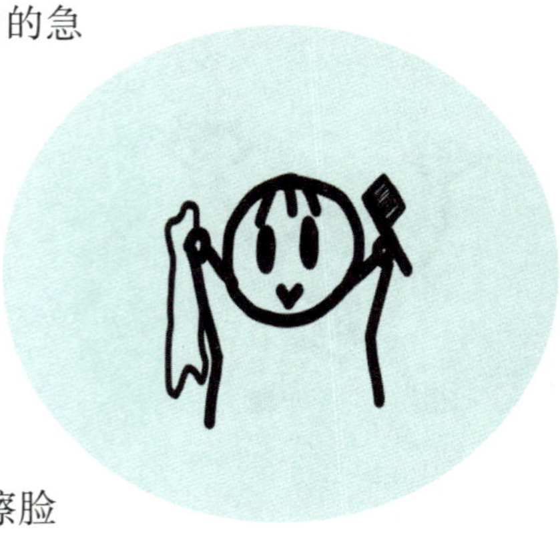

对于沙眼衣原体引起的各种疾病的预防，我们需要在平日的生活中小心小心再小心。例如我们个人的牙刷、擦脸

巾等都要独自使用，贴身衣物绝对不可以混穿。在外面上厕所时，最好避免使用坐式马桶，在上厕所之前需要洗手。还有补充身体营养、提高免疫力，这些都是预防沙眼衣原体的重要方法。

沙眼小故事

在研究沙眼病原体到底是什么的过程中，中国微生物学家汤飞凡想要记录患沙眼完整的过程，他选择拿自己当小白鼠。他冒着失明的危险，让助手将沙眼病原体滴进自己的其中一只眼睛内，带着红肿发炎的眼睛坚持工作 40 天，才接受了医生的治疗。这个过程完全证实了沙眼病原体的致病性，70 年来关于沙眼病原体的争论终于画上了休止符。他曾被著名中国科学技术史权威专家李约瑟爵士这样称赞：“他是预防科学领域里的一位顽强的战士。”

李约瑟还断言：“这样的科学家，不会被国家忘却。”

医生的话

衣原体的疾病发展与接触密切相关。减少疾病传播的最好方法是切断疾病的接触来源，在高发季节少一次聚集，少一些暴露，少一点接触，就会多一份保障，多一份安全，多一份健康。

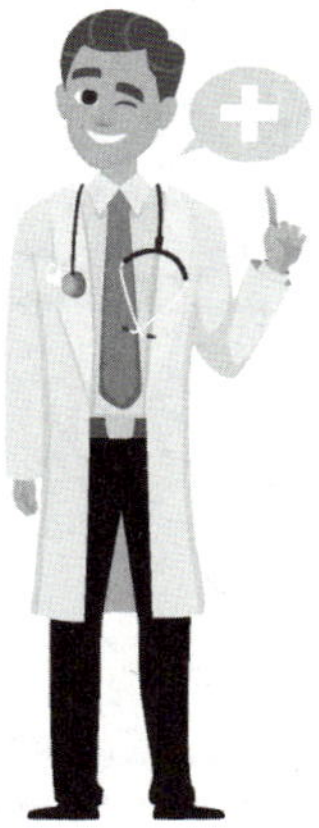

支原体

历史回顾

隐藏在流感之后的“麻烦鬼”

一个普通的冬日下午，九岁的小川从学校兴高采烈地回家后，当晚却开始发热和咳嗽。冬天是很容易生病的季节，而发热和咳嗽像是平时普通感冒、流感常见的症状，所以小川的父母并没有太重视这次生病，只按照应对感冒的常规做法，给他降温、止咳。但是后来，小川连续两天发热 39.5 摄氏度以上，且一直高热不退，吓得小川父母赶紧带他去了儿童医院。在简单检查和询问症状后，医生判定他得了流感，于是开了一些清热、止咳、平喘的药。小川回到家，按医嘱连续吃了 2 天药，高热却仍然持续不退。小川父母又带他去了医院。而这时，医生也发现了不对。通过进一步抽血化验、拍胸片之后，才发现这并不是普通的感冒，而是“隐藏凶手”——支原体引起的支原体肺炎。但这个时候小川的情况已经很严重了。而这时，小川还是只有两个症状——反复发热和干咳。

后来，经过询问医生，小川父母才知道，反复发热和干咳就是支原体肺炎的典型症状。另外，和流感很相似，支原体肺炎还会出现头痛、全身酸痛、咽痛、流鼻涕等症状。而对于非专业人士的小川父母来说，第一次遇到支原体肺炎，很难将它和流感区别开来。所以才说，支原体是隐藏在流感之后的“麻烦鬼”。

“麻烦鬼”的真面目

支原体，这个名字听起来是不是很像细菌或病毒呢？其实它两种都不是。并且支原体不是一个小小的个体，而是指许多小小个体的集合，也就是一类生物。支原体与咱们人体的细胞不同的是，它没有自己的细胞核，这一点跟细菌一样，它们都属于原核生物；而跟细菌不一样的是，支原体还没有自己的细胞壁。它是目前发现的自然界中能独立存在的最小的微生物，大小一般在 150 ～ 300 纳米。

支原体的形状非常多，有丝状、球形、杆状、分支状等多种形态。支原体是许多个体的总称，个体间的种类很丰富，分布非常广泛，涉及人、动物、植物、昆虫等多个领域，给科研人员的工作带来许多不利影响，但它大多不致病。目前科学家从人体分离出几十种支原体。常见的人体致病支原体有肺炎支原体、生殖支原体、人型支原体、解脲支原体等。且由于它没有细胞壁，青霉素类、头孢类抗生素都无法杀死它。

“麻烦鬼”做的麻烦事

前面提到，支原体大多不致病。致病的支原体，致病性也较弱。支原体侵入人体一般不会侵入血液，而是通过一种黏附作用跟

宿主细胞结合，从宿主细胞的细胞膜中获得胆固醇和脂质。而固醇、脂质都是我们人体细胞膜的重要组成成分。支原体入侵后，细胞膜会受到损伤。这就会引起疾病的发生。支原体引起的疾病可以大致分为两种。一种是侵染呼吸道，引起支原体肺炎。另一种是侵染泌尿系统，引起泌尿系统的感染。泌尿系统就是我们分泌尿液的地方。大家试想，如果泌尿系统受到影响，我们的生活质量就会受到很大影响。

其中，最贴近大家生活的是肺炎支原体，也就是引起小川患支原体肺炎的“幕后凶手”。

支原体肺炎

支原体肺炎，又称为原发性非典型肺炎，是幼儿园小朋友和青少年常见的疾病。婴幼儿也可能被感染。有一些数据表明，支原体肺炎在大于5岁的儿童肺炎中甚至可能占到一半这么多！这种肺炎全年都可以发病，而在秋季、冬季最为常见。

它主要通过飞沫、直接接触来传染，也就是如果大家和患上支原体肺炎的同学说话、触碰就有可能被传染上支原体肺炎！另外，支原体肺炎常以家庭、学校等人员密集的环境为流行单位，在较为封闭的空间容易造成大规模的感染。所以如果大家发现身边的小朋友咳嗽、打喷嚏，至少自己要先戴上口罩哦！

我们前面已经提到，支原体肺炎的“幕后凶手”是肺炎支原体。一般肺炎支原体感染人体后，会有2～3周的潜伏期，在潜伏期内，患者不会出现症状。过了潜伏期，患者才有可能会出现症状，但大约三分之一的患者是没有症状的，只有少部分感染者会发展成肺炎。

支原体肺炎起病缓慢。患者刚开始会出现持续发热，多为38～40摄氏度，大部分患者会持续一周的时间；另外还有咳嗽，多为干咳，也就是咳不出什么东西，喉咙较干；到后期会出现阵发性刺激性咳嗽，突然性地开始咳嗽。当患者不再发热，体温恢复正常之后，仍伴有咳嗽。咳嗽在晚上的时候会更加严重。除了发热和咳嗽之外，支原体肺炎还可能伴有头痛、乏力、咽痛、食欲减退等症状。而所有这些症状都跟我们常见到的流感症状很相似。

所以，当大家有发热、咳嗽等症状时，要让爸爸妈妈带自己去医院看医生，不能直接将疾病判定为流感而盲目采取应对措施哦！否则就会和小川同学一样让情况更加糟糕了！

泌尿系统感染

支原体除了进入呼吸系统，使我们患上支原体肺炎之外，另一大类就是进入泌尿系统。当泌尿系统感染时，我们会出现尿道刺痛、尿频、尿急等症状。如果大家在平时生活中出现经常想上厕所且上厕所部位出现疼痛等不正常情况，不要害羞，千万记得要赶快告诉爸爸妈妈，然后让爸爸妈妈带自己去医院就诊哦！

小猫会感冒吗？

如果大家家里有猫咪的话，就可能在人类流感多发时节看见猫咪打喷嚏、流鼻涕，猫咪的鼻涕泡甚至比眼睛更大！是不是猫咪也

扛不住天气和病毒而感冒了呢？但最好别称呼它为简单的感冒，因为真相没那么简单！

大家用感冒来形容这些症状，但感冒只是咱们人为规定的一种疾病的俗称。实际上，这些都是上呼吸道感染的症状。而对小猫咪来说，更不可以简单地称作“感冒”。因为猫咪的上呼吸道感染往往由病毒引起。而这样的病毒感染很可能就与支原体有关。并且，虽然你不能把流感病毒传给小猫咪，但还有些病原体你们却可以互相传染，就比如支原体，而且是谁先带这些病原体回家的还不一定呢！所以大家在平时特别是秋、冬这两个支原体肺炎高发季节要多多注意，不要感染支原体，不然小猫咪会受到“无妄之灾”，严重的还会丢掉小命！

医生的话

支原体肺炎多发于密集空间，如教室就是一个多发地。一旦有同学咳嗽、打喷嚏，大家可以戴上口罩，以防万一哦。

支原体肺炎在秋天、冬天最常发作，所以到了秋天、冬天，大家可以多运动，改善我们的呼吸功能，也要吃好喝好，补充机体的营养，才能对抗支原体的侵扰哦！

螺旋体

历史回顾

螺旋体和“梅毒”不得不说的事

听到螺旋体这个名字大家脑海里浮现的是什么画面呢？是不是弯弯曲曲像螺丝钉一样的纹路？其实螺旋体是一个大家族，里面有许许多多的成员，比如大家经常会听到的梅毒，就是由梅毒螺旋体引起的一种慢性传播疾病。

关于梅毒的起源大家的说法不统一，法国人叫它“那不勒斯病”，那不勒斯人叫它“高卢病”，俄国人叫它“波兰病”，波兰人叫它“德国病”，荷兰人叫它“西班牙病”，西班牙人又叫它“卡斯蒂利亚病”。这种病传说与放荡堕落有关，大家都害怕和它扯上关系，都不想被认为自己国家是这种让人羞于启齿的疾病的起源地。

关于这一奇怪的疾病，大家的认知都十分有限，有一位外国诗人写下一首诗，诗中有一个牧羊人名叫西菲鲁斯，他被太阳神阿波罗降下了一种奇怪的疾病，当时的人们就把这个和当时肆虐的梅毒联系在一起，用西菲鲁斯的名字给它命名了，翻译成中文就成了现在我们口中的梅毒。

还有一个广泛流传的说法，就是梅毒是哥伦布和他的船员带到欧洲的。因为在返回西班牙的第二年4月，哥伦布和他的船员就发起了高热，而这个时间也正是梅毒在欧洲暴发的时间。从时间上看，大概率是哥伦布到达的时间，后来科学家在哥伦布他们去过的地方发现了梅毒，因此梅毒在欧洲的传播确实很可能是哥伦布将其从新大陆带回的。

种类丰富的螺旋体

螺旋体是一种细长、柔软且弯曲如螺丝钉形态的运动活泼的单细胞原核生物。它喜欢生活在动物身上，会引起的常见疾病有回归热、梅毒、钩端螺旋体病。很多人会觉得螺旋体是细菌，其实不然，它更像一种介于细菌和原虫之间的生物，但它确实和细菌有许多相似的地方。比如包裹在它最外层的细胞壁化学成分十分相似，都没有核膜包被的细胞核，都以一分为二的方式来繁殖后代。

有几种螺旋体在它们这个大家族里十分有名。一种是回归热螺旋体。它靠昆虫来传播，患上回归热的人会一阵又一阵感到全身疼痛，体温升高，脾脏和肝脏都肿大。人被虱子叮咬后抓挠伤口，螺旋体随之被挤压出昆虫体内，从伤口处进入人体。在卫生条件不好的地方，这种疾病很容易肆虐，特别是春夏季，随着气温升高，昆虫繁殖和活动范围进一步扩大，回归热的传播范围变广，被传播人数也进一步增多。另一种就是大家熟知的梅毒螺旋体。梅毒是人类特有的疾病，不管是显性还是隐性的梅毒患者都是传染源，他们身上的分泌物和血液都含有梅毒螺旋体，通过与患者的性接触或者皮肤和黏膜伤口之间接触传播。梅毒还有一个更显著的特点就是孕妇可以通过胎盘传染给胎儿，梅毒病期越早，胎儿被感染的概率也会越大，严重者还会出现流产、早产、死胎的情况。得梅毒的人可能会出现全身皮肤和黏膜甚至脚底和手掌都长出红色斑点，关节有病变，生殖器出现小红斑的现象。当大家发现疑似梅毒的症状时也不要过于慌张，首先要到医院进行隔离和预防性筛查，做梅毒血清试验，一旦确诊及早治疗才是消除传染源的根本办法，最重要的是在治疗期间要避免性行为。梅毒最主要的传播方式是无保护性行为的直接接触感染，因此安全的性行为是防止梅毒传播的最好办法。为了保护第二代，成年人要加强婚前和产前检查，防止胎传梅毒的发生。还有一种几乎传遍全世界的病叫作钩端螺旋体病，这是由不同类型的钩端螺旋体引起的一种急性全身性感染性疾病。它可以依靠鼠类和猪进行传播，鼠类通过尿液传播这种螺旋体到稻田中，而猪更是与人类亲密接触较多的一种牲畜，它们生活的地方也存在大量的钩端螺旋体。那么人的尿液里是否也会有很多钩端螺旋体呢？其实不会，因为人的尿液呈酸性，不适宜这种螺旋体的生长，所以这种病在人与人之间的传染性不强。患者早期会觉得头痛、乏力，体温升高，眼结膜会充血，可能还会伴随咳嗽、扁桃体肿大，到了晚期如果还没得到及时的治疗甚至会出现器官衰竭致死的情况。

梅毒的治疗史

一开始大家完全不知道梅毒该如何治疗，以为得了梅毒后就只能等死，后来大家逐渐摸透了梅毒的发病过程，慢慢开始了漫长的研究治疗历程。

因为梅毒主要靠性传播的特点，许多国家开始整顿妓院和公共澡堂，希望以此断绝梅毒的传播，也确实起到了一定的效果。之后大家又开始研究各式各样的治疗药物，比如碘酒疗法、汗蒸疗法等，但都没有什么起色，梅

毒依旧是难以治愈的绝症。有些人甚至病急乱投医，发明了许多奇奇怪怪的疗法，比如把人放在箱子里让水银熏蒸，这样的后果是患者不再死于梅毒了，而是死于汞中毒。直到 20 世纪，人们才开始研究出“靠谱”一些的疗法，梅毒螺旋体也是在这时被人们发现的。经历了一系列试验后，人们确定了一些有机砷化物可以治疗梅毒，这种药被推广到了市场，成为治疗梅毒的特效药。后来在 1928 年，青霉素被发现，它的治疗效果比市场上流传的特效药好得多，但因为资源紧张，青霉素价格昂贵。直到现在，治疗梅毒最有效的药物依然是青霉素。也正是因为治疗药物的发展，梅毒不再是人类生命的威胁，我们回望历史时才会把它当作谈资。

医生的话
小朋友们随着年龄的增长，一定会对自己的身体产生好奇，但一定要注意卫生，特别是个人隐私部位一定要保护好，大家也一定要洁身自爱，千万不要轻易尝试性行为哦！

立克次氏体

历史回顾

不同寻常的名字

大家一定觉得立克次氏体这种微生物的名字十分特别吧？因为它是由科学家立克次发现的。当时他正在研究一种名叫落基山斑疹伤寒的疾病，途中发现了这种之前从没见过的病原体。不幸的是，第二年这位科学家就因染上了斑疹伤寒而去世。为了纪念这位伟大的科学家，人们把他发现的这种病菌命名为立克次氏体。其实不止一位科学家为这一发现作出贡献，捷克科学家普若瓦帅克也为了这项研究不幸感染去世。因此，在罗恰·利马第一次从患者的体虱中提取出这一病原体时，想出了一个更加完整的名字——普氏立克次氏体。

不要觉得这些都是外国科学家的功劳哟，我们国家的科学家也在世界上首次成功用鸡胚培养立克次氏体，让大家再进一步认识了这种威力巨大的病原体。

与人类关系密切的立克次氏体

立克次氏体的形状并不单一，有的是球形，有的是杆状，也有的呈丝状。它们一般生活在跳蚤、虱子的身上，再通过这些动物传播到人类和其他脊椎动物身上。立克次氏体是一个庞大的家族，科学家在对它们进行分类时，发现了其中几种和人类关系格外密切。

比如前面提到的普氏立克次氏体，就是引发流行性斑疹伤寒的凶手。人类被感染后，前 10 ～ 14 天可能并不会产生感觉，但当发病期来临时，患者就会感到头痛欲裂，周身疼痛，同时还出现高热的症状。在接下来的 4 ～ 7 天，皮肤上会开始长小疹子，有些病情严重的患者甚至会有血液积累在皮下形成出血性皮疹，同时患者的神经系统、心血管系统以及其他一些器官都会受到损害。

那么进入体内的立克次氏体是如何一步步损害我们的身体呢？首先病原体无法独立存活，因此它需要结合宿主细胞，之后在血管的内部和一些淋巴周围繁殖自己的“后代”，再借着血液和淋巴液将自己的“后代”传播出去并且释放一种溶解磷脂的叫磷脂酶 A 的物质，让大量细胞破损、出血，因此我们的皮肤上就会出现红色斑点样的“小疹子”。

看到这里，大家是否产生了一个疑问，为什么这些一开始寄生在昆虫身上的立克次氏体会跑到人类体内呢？其实它一开始是待在昆虫的粪里，但当人们被虱子等虫

叮咬时，病原体就随着我们被叮咬或抓挠产生的伤口跑到了血液当中增殖。更可怕的是，当昆虫再次叮咬人类时，这种病原体还会再跑回昆虫体内增殖，如此一来，循环往复，它们的数量也越来越多，也难怪一旦暴发，就很难控制。

由于传播性较强，所以人口密集和昆虫繁盛的地方一旦有了这种病原体，传播情况就会十分严重。那么我们又该如何控制这种疾病呢？首先，我们已经知道了它会通过昆虫这一主要“帮凶”进行传播，因此控制昆虫的数量，灭鼠灭虱就非常有效。和其他传染病一样，除了注意个人卫生，我们也要少到人员密集的地方长时间停留，不要为病毒的传播提供“可乘之机”。

就算真的感染了立克次氏体也不必太过慌张，因为由这种病原体引起的疾病是可以被治愈的。它们对一般的消毒剂及四环素、氯霉素、红霉素、青霉素等抗生素都很敏感。如果大家有染病症状，一定要赶紧和父母讲并尽快去医院看病。医生会将你隔离，防止疾病的进一步传播，同时给大家提供良好的护理保证身体健康，并且用抗生素治疗，让大家尽快痊愈。

拿破仑与立克次氏体

大家一定都知道法国的拿破仑将军吧？他参加过许许多多的战役，在第五次打败反法同盟后，这位战神已经征服了除了英国和俄国之外的所有欧洲国家。但就在他自信满满地踏上征服俄国的旅途时，却遭到了重大的挫折。俄国的寒冷气候让拿破仑和士兵们都感到十分不舒适，寒冷的天气让大家无法洗澡换衣，为了取暖，还常常聚在一块，这给虱子们提供了可乘之机。结果，很多人都患上了斑疹伤寒，士兵们病倒了，战争无法继续，拿破仑只能无奈地离开了俄国。据统计，最后回到故乡的法国士兵只有 3 万人左右。

那时的人们并不知道为什么会出现这么狼狈的败局，相信拿破仑也感到十分困惑，但大家在学习了上面的知识后一定对士兵们的情况有了自己的猜测吧？是的，正是立克次氏体这个“杀手”。这些研究结果是科学家们从当时战争的乱葬坑里提取出了相应的 DNA，经过分析确定了那些人感染的是斑疹伤寒。又因为战场环境恶劣，得不到及时的治疗，那些人最终被小小的斑疹伤寒夺走了生命。

伟大的一代将领最终却因为小小的病原体被迫中止了野心勃勃的征服计划，这不得不让人感叹在大自然面前人类的渺小，但也正是一代代科学家们不断发现并坚持研究，才让我们在多年之后能揭开困扰大家的历史秘密。

斑疹伤寒的暴发

在 16 世纪的欧洲，环境恶劣，虱子繁殖快，导致由立克次氏体引起的斑疹伤寒在这里大范围传播，当时被称为“监狱热”。许多犯人甚至熬不到庭审就染病去世。更可怕的是由于这种病传染性极强，当时的人们也缺乏防疫保护的意识，许多染病的犯人被带到法庭上时，那里的工作人员也会被感染。这种惊人的传染力和对疾病的恐惧让法庭蒙上了一层阴暗的色彩，大家给这种类型的法庭起了一个形象的名字，叫“黑色的巡回审判”。据统计，在斑疹伤寒大规模暴发的时候，许多官员都因此丧生，而监狱中因感染此病死亡的囚犯数量甚至比被判处并执行死刑的犯人数量还要多，每年监狱里都有近四分之一的囚犯死于这种病，这种病在当时是名副其实的“监狱杀手”。

其实不只在监狱，只要是环境恶劣的地方，都是立克次氏体潜伏和繁殖的天堂。战争、饥荒，甚至一些不良的生活习惯都会引起该病的暴发。比如在爱尔兰闹饥荒的时候，就发生过大规模的斑疹伤寒；在美国南北战争中，因为斑疹伤寒的广泛传播也暴发过“阵地热”。而在欧洲，某些贵族阶层有不洗澡的习惯，更使得他们饱受斑疹伤寒的折磨。

医生的话
小朋友们要认真学习微生物知识哦。

特别篇：世界大流行疫情

开篇语

在人类历史的长河中，世界大流行疫情始终是一道难以逾越的障碍，它不仅考验着人类的智慧与勇气，更深刻影响着全球的政治、经济、社会和文化格局。从古至今，无论是黑死病的肆虐，还是西班牙流感的横扫，每一次疫情的暴发都如同一场突如其来的风暴，给人类社会带来了前所未有的挑战和冲击。

这些大流行疫情以其惊人的传播速度和广泛的传染范围，迅速打破了地域的界限，将全世界紧密地联系在一起。它们不分国界、不分种族，对所有人的生命安全构成了严重威胁。同时，疫情的暴发也引发了全球的恐慌和不安，人们对未知的恐惧和对生命的渴望交织在一起，形成了一种复杂的情感纠葛。

面对疫情的挑战，人类展现出了顽强的生命力和不屈的斗志。科学家们夜以继日地研究病原体的特性和传播规律，寻找有效的防治方法；医护人员冲锋在前，用他们的专业知识无私奉献地守护着患者的生命；普通民众也积极响应号召，遵守防疫规定，共同抗击疫情。一场场没有硝烟的战争凝聚了全人类的智慧和力量，展现了携手构建人类命运共同体的伟大精神。

然而疫情的结束并不意味着我们可以忘记历史，放松警惕。相反，我们更应该从每一次疫情中汲取教训，总结经验，不断完善公共卫生防治体系，提高应对突发公共卫生事件的能力。同时，全球应加强合作，共同构建人类卫生健康共同体，为全人类的健康和福祉贡献更多的智慧和力量。

世界大流行疫情是人类社会面临的重大挑战之一，它让我们深刻认识到生命的脆弱和宝贵，让我们更加珍惜团结和合作的力量。在未来的岁月里，让我们携手共进，共同迎接挑战，创造更加美好的未来！

黑死病

历史回顾

黑死病的起源

在 13 世纪初，擅长打仗的大蒙古国天天到处找别的国家“切磋”，这时黑死病就悄悄地在中亚地区出现了。不少蒙古军人染上了黑死病，但蒙古军队一心只想打仗，没太把它当回事，于是这病趁机随军队蔓延到了黑海沿岸的港口城市卡法，而总是在亚洲和欧洲间跑来跑去的生意人把病传到了欧洲。

而在欧洲呢，先是意大利，再是欧洲西北部地区，黑死病像疾风一样席卷整个欧洲，连我们熟知的繁华城市威尼斯也难逃厄运。

黑死病的元凶

造成黑死病的元凶就是鼠疫杆菌。鼠疫杆菌这种细菌可强壮了，在它寄生的宿主——跳蚤排出的粪便中，它还有一周的寿命。对它来说，寒冷潮湿的地方是它最喜欢待着的，在 −30 摄氏度的气温下，它还可以安全地生存着。就算让它晒晒太阳，也还能再存活 1 ～ 4 个小时。所以它每经过一个国家，都会造成惨绝人寰的伤亡。

黑死病又叫鼠疫，它开启了人类史上第一次的“细菌战”。在那个时候，鼠疫杆菌悄悄地潜伏在老鼠的身上。老鼠的老朋友跳蚤，因为吃饭的时候吸取了老鼠的血液，致病菌从此在跳蚤体内繁殖。最倒霉的还是人类，等老鼠一死，这些跳蚤要寻找新的食物，它们就开始跳到人类身上。随着跳蚤吸取着人类的血液，细菌也入侵到人类体内，攻破了淋巴系统。淋巴系统是人类抵抗外界致病菌的主要防线。致病菌没有了对手，它们便肆意妄为，在淋巴组织内繁殖，从而使人的脖子、腋下淋巴结肿大，最后溃烂而死，这是第一种鼠疫，我们称为腺鼠疫。

这些致命的细菌还会入侵人类的肺部，而得病的人一旦咳嗽，数量庞大的鼠疫杆菌就会争先恐后地跑出来，通过飞沫直接

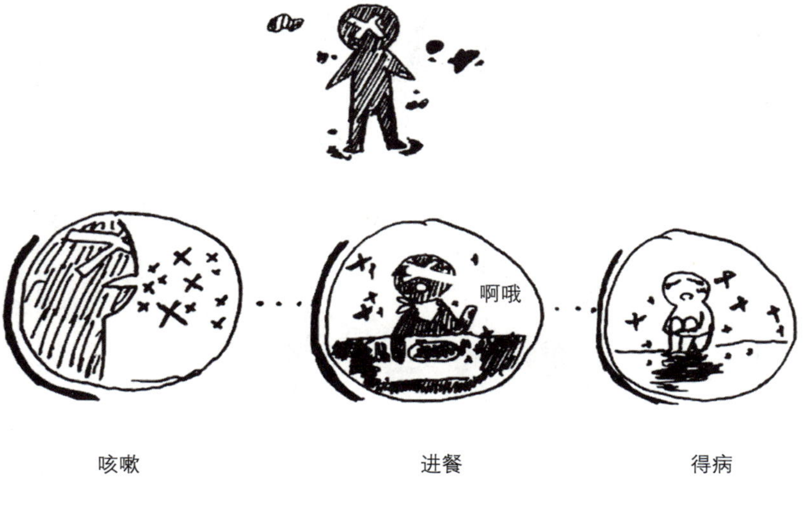

传播到另一个人身上。这是第二种鼠疫，肺鼠疫。人类密切的社交群体活动，使越来越多的人受到感染，人类也开始了一场浩荡的瘟疫战争。

第三种是败血症型鼠疫。鼠疫杆菌直接进入了人类的血液，在那里大量繁殖，造成血液感染。这种鼠疫的典型症状就是患者全身发黑，因此此病又被称为黑死病。肺鼠疫和败血症型鼠疫的死亡率几乎是100%。有的人熬过了这一关，痊愈了之后，他们获得了持久性的免疫力，即使再次接触到鼠疫杆菌，也很少会再次感染。但是这种痊愈的人数量是少之又少的。

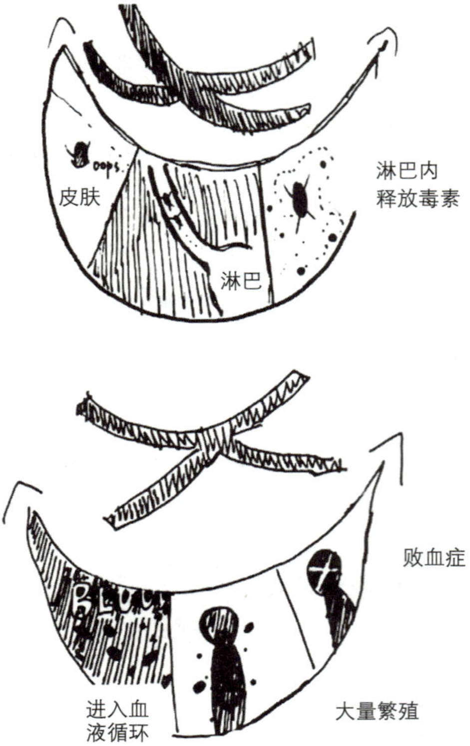

黑死病的“微笑”

黑死病的症状极为明显。患者的脖子、腋下和腹股沟的淋巴结会肿得像苹果一样大，大块黑色的肿块会渗出血液和脓汁。从患病的人脸上极为狰狞的表情来看，这一定是十分疼痛的。患者还会无缘无故地打起寒战，高热不退。严重者还会精神错乱，语无伦次。冷血的病菌打了人们一个措手不及，黑死病发病的时间是很快的，从发病到死亡不超过十天，最快的一天就已经死亡。但当时的人们对医学可以说是什么也不知道，那这些医生该怎么治疗患者呢？答案是：放血。这方法在我们现在看来简直就是乱来，但那时候人们也没有别的办法呀，戴着鸟嘴面具的医生们就只能挨家挨户地去给患者进行放血治疗。

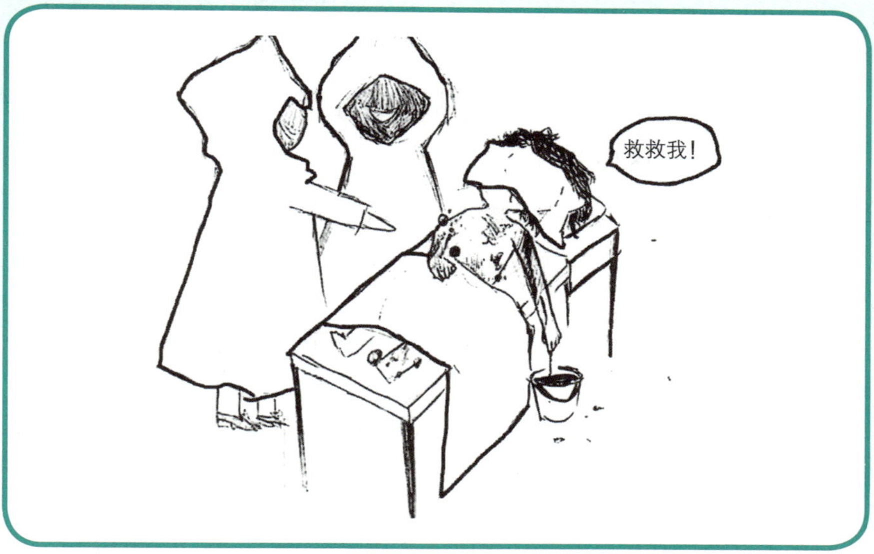

黑死病事件

在这场大灾难中，最著名的标志可能就是鸟嘴面具，这面具虽然长得吓人，长嘴大眼的，但其实是当时医生用来保护自己的方法，有点儿像我们今天戴的口罩，那根长长的鸟嘴里装满各种香

料、药材，保护医生们闻不到怪味、染不上致病菌。当时一个合格医生的装备包括鸟嘴面具、一顶大大的防止患者离得过近的帽子、一身厚厚的防止致病菌钻进去的袍子和一根用来敲打测量的细长木棍。因为这个时期实在是太恐怖太黑暗了，鸟嘴面具后来慢慢地被人们用来表示死亡、灾难与恐怖，也就是我们今天所熟悉的形象。

不巧的是，黑死病的发生时期是欧洲历史上出了名可怕的“黑暗中世纪”。在这样的时期，百姓们天天过着苦日子，每天吃不饱、穿不暖，结果又来了这样吓人的病，他们生活得越来越困难。

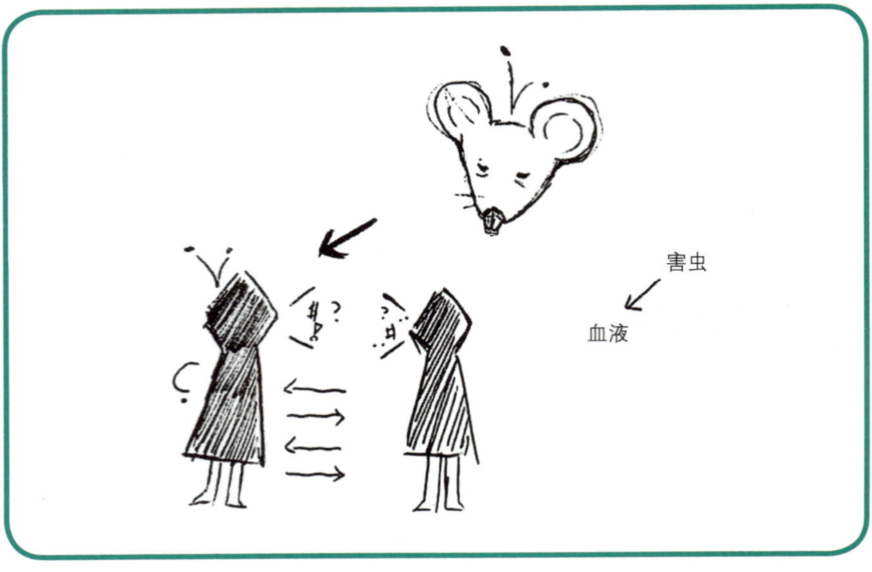

当时的百姓们到底有多可怜呢？每两三个人中就会有一个人因病死去，整个欧洲变得像地狱，因病死去的人的尸体到处都是。

虽然黑死病是一场可怕的灾难，但是它促使活在中世纪的可怜百姓们奋发图强，使得欧洲社会发生巨大变化，欧洲的经济得以发展。

参考文献

[1] 何若雪.黑死病小传[J].大自然探索，2017，9：18-21.
[2] 杨雪.黑死病：欧洲人的铭心之痛[N].科技日报，2020-05-06（1）.
[3] 李兰娟，任红.传染病学[M].9版.北京：人民卫生出版社，2018.

西班牙流感

历史回顾

西班牙流感的暴发

1918年，第一次世界大战战场上的各个国家马上就要一决胜负了。美国也召集了大批军队准备去欧洲帮助盟友。然而谁也想不到，一场波及全世界的噩梦即将上演。

那时的世界简直是一团乱麻，到处都在打仗。谁也不会注意到，在美国堪萨斯州的一个普通的新兵训练营里面，有一个士兵得了感冒，而这正是一场恐怖噩梦的开始。几天之后，军营里有500多个士兵也出现了相似的症状，甚至有一些士兵很快就因病死去了。几个月后，相同的流感蔓延了整个美国。得病的人会咳嗽不止、全身滚烫、从头到脚都疼痛不已，严重的人还会开始流血。而在那个时候，没有医生能治好这种病。得病的人只能痛苦地等待死亡。

在那个战争年代，每个国家都进入了最紧张的状态。美国政府明明知道这种超强传染性的“怪病”已经在士兵间扩散开了，依旧派出不少已经发病的士兵前往欧洲战场。

就这样，在美国政府的“帮助”下，西班牙流感踏上了“征服”欧洲大陆的旅程。随着战场上士兵的交锋，那些在战场上对情况一无所知的欧洲士兵很快也被这种疾病传染，又随着人与人的接触传到欧洲各地。一个个欧洲国家在无孔不入的病毒面前一一沦陷。

为什么叫西班牙流感？

乱象一直持续到流感传染到西班牙的时候。西班牙是那个时候是少有的中立国家，不受其他国家战争的影响，所以在这个“怪病”攻入西班牙的时候，西班牙的媒体就跳出来报道了这种可怕的流感。所以，在什么都不知道的普通老百姓眼里，西班牙就这样成了这场疾病的源头国家，这就是西班牙流感这个名字的来源。

不仅仅是欧洲，亚洲、非洲、南美洲、大洋洲等地区，也都有西班牙流感的身影。到了这段征途的最后，西班牙流感让当时地球上一半的人都病倒了，连西班牙的国王都没有逃离它的魔爪。

西班牙流感来势汹汹，德军在真枪实弹的战场和与流感对抗的“战场”上被双重夹击，疲惫不堪，士气低落。原计划要发动的对协约国左翼的进攻，也因为西班牙流感而取消。从 1918 年 9 月开始，同盟国中的保加利亚、奥斯曼土耳其和奥匈帝国先后退出战争。到了 11 月 11 日，疲惫不堪的德军宣布投降，第一次世界大战结束。可欢欣鼓舞的人们未曾想到，停战后盛大的庆祝活动竟成了病毒肆无忌惮传播的“温床”。接吻和拥抱为西班牙流感的传播提供了大好机会，西班牙流感又一次迅速扩散。直到两年后的 1920 年，人们才从西班牙流感的巨大威胁中走出来。

元凶——H1N1 病毒

其实，这场灾难是一种叫 H1N1 的病毒造成的。H1N1 是一种 RNA 病毒， 2009 年暴发的禽流感病毒就是它的远房表弟。可惜的

是，20 世纪第一个十年的科技太落后了，绝大多数的人们对传染病没有一点了解，医生们都不知道该向患者出什么建议，除了让人们避开拥挤的地方之外别无他法。在军队里，甚至还有一些医生选择实施放血疗法来治疗流感。

人们对 H1N1 病毒一无所知，再加上战争导致的仇恨与刻板印象，一时间谣言四起。其中流传最广的一个说法就是这一切其实并不是流感，而是德国人研制出来的生化武器。他们把这种武器投放到了水源里、牛奶里，或是电影院这种人员密集的地方，更有甚者表示说这种武器可以在空气中传播。

落后的治疗方法也导致了更多的死亡。如今的医学上普遍认为阿司匹林的安全剂量是每日 4 克，而当时的很多医生建议患者每日服用高达 30 克的阿司匹林。再加上阿司匹林中毒的许多症状与流感症状十分相似，所以这种药物的滥用并没有引起足够重视，许多患者就这样被“治”死了。当时也有些人认为让大家痛苦的不是病毒，而是有鬼神在作祟，便求神拜佛，还请人“跳大神”，殊不知他们这一聚集更增加了被传染的可能性。更有可恶的奸商打广告说“薄荷糖是预防感染的最好方法”，企图从中捞一笔横财。染病的人们连病毒长什么样子都不知道，就两眼一闭、两腿一蹬，和世界说再见了。

人们恐慌，假药横行。甚至有药厂打着“吃了某种药就会有和戴口罩有一样的效果”这样的名号骗钱。到最后，这场流感感染了当时地球上近乎一半的人，导致了至少 4 000 万人的死亡，比战争可怕多了。

H1N1 病毒是怎么让人生病的

无礼而冷血的 H1N1 病毒一点也不懂得尊老爱幼，它没有特定的易感人群，只要人体遇上就要猛烈发起进攻。由于 H1N1 病毒拥有秘密武器——红细胞凝集素和神经氨酸酶。它们是十分特殊的蛋白质，红细胞凝集素能让我们血液里的红细胞凝集起来，神经氨酸酶能够让 H1N1 病毒在我们体内的细胞里快速扩散，它们都让 H1N1 病毒具有高度的杀伤力。

H1N1 病毒在入侵人类身体之后便会欺骗正常的细胞，夺走它们的养分，像蟑螂一样快速地复制繁殖，然后迅速摧毁人体重要的运作器——各个器官，给患者带来剧烈的痛苦。而这冷血的病毒同时又像蛇一样狡猾，即使是遇见年轻又身强体壮的小伙子，也能用高超的骗术骗过他们身体里负责保护人体的常驻“警察”——免疫细胞，让“警察”们无法追查到它们的行踪，反而去攻击体内无辜而手无寸铁的正常细胞。在毫无准备的情况下遇上这样的战术，论谁也招架不住呀！久而久之，患者的免疫系统全线崩溃，很多致病菌也乘虚而入，通过呼吸道感染他们的肺部，甚至是大脑，所以感染 H1N1 病毒后的患者死亡率非常高。

这个席卷全球的H1N1病毒给世界人民带去了无数的疾病与苦难，患者高热不退、咳嗽不止、肚子痛、食欲下降，还会头痛不已，像是被无数针扎，被烧不尽的火烤。除了这些普通感冒可能出现的症状外，感染了西班牙流感的患者会脸色发紫，毫无生气，像僵尸一样恐怖，甚至出现咯血、尿血、便血等可怕的症状！它感染后发病速度特别快，许多人早上还活蹦乱跳的，中午一染上病，晚上就可能会死亡。这让全世界都陷入极度的恐慌之中，不知道这地狱一般的日子何时才能结束。科学家们拼尽全力，想要找到战胜病毒的方法。然而在1920年末，这个可恶至极的H1N1病毒却突然像一阵风一样消失得无影无踪，到现在都还是一个谜。

H1N1病毒的暴发其实有两波，第一次的暴发并没有夺去很多人的生命，致死率和致死的速度也并不突出。而第二波才是在人们心中留下深刻阴影的疫情。有些人在搭乘公共交通工具的时候感染上病毒，迅速发病，还没有到站就因病去世。

医生的话

随着科技的发展，在面对来势汹汹的传染病时，我们人类不再是脆弱的。

H1N1流感的防御方法和大部分流感类似，比如正确佩戴口罩、勤洗手、常消毒等。

滥用阿司匹林、薄荷糖预防法等毫无科学依据的谣言让无数人在西班牙流感中白白死去，大家要有辨别是非真假的“火眼金睛”，任何时候都不要被谣言所误导。

参考文献

［1］李崇寒.1918年“西班牙流感”[J].国家人文历史（北京），2020，5：12-17.

［2］HONIGSBAUM M.Spanish influenza redux：revisiting the mother of all pandemics[J].Lancet，2018，391（10139）：2492-2495.

［3］PORRAS-GALLO M I，DAVIS R A.The Spanish Influenza Pandemic of 1918－1919：Perspectives from the Iberian Peninsula and the Americas[M].Rochester：Boydell & Brewer，University of Rochester Press，2014：325.

中东呼吸综合征

历史回顾

来自沙特阿拉伯的不速之客

2012 年，在遥远的沙特阿拉伯，一切都照常运转着。然而，在 6 月 13 日这天，一名男子被送入了医院。在这之前，他不停地发热和咳嗽，甚至连呼吸都很困难，但医生只把这当作普通的感冒对待。随后几天，他的身体状况开始急剧恶化，医生们也只好给他服用大量的药物，可是这些都无济于事。最后，他在医院的病床上永远地闭上了双眼。

在家人们为他感到难过之时，他的去世引起了一位博士的注意，他认为这名男子的死亡是某种特殊病毒造成的。终于，在经过了多次检测后，这位博士发现了一种新型的冠状病毒。

随后，沙特阿拉伯又发现了几例类似的案例，其中有些患者就是该患病男子家属。此外，在韩国、英国和法国等国家都发现了这种病毒。

这位不速之客的真面目究竟是怎样的呢？

中东呼吸综合征介绍

大家好，我是一名潜伏在中东呼吸综合征（MERS）冠状病毒中的间谍，多年的潜伏让我对它了如指掌，就让我来给你们揭开这个“可恶杀手”的真面目吧。

MERS 冠状病毒，顾名思义，它的包膜上有很多棒状的凸起，看上去就像中世纪欧洲帝王的王冠。它的身世十分神秘，但是据人类推测它来自蝙蝠。它喜欢打游击战，到处破坏，经常转移阵地。它似乎钟情于骆驼，常常寄宿在骆驼身上，稍作休整后伺机溜入人体。它有不少亲戚，和它一起危害人间，其中最为人们所熟悉的就是严重急性呼吸综合征（SARS）冠状病毒，它们都是冠状病毒家族的成员，但是 MERS 冠状病毒可比这个小弟心狠手辣多了，它的致死率远高于 SARS 冠状病毒。

介绍完了它的基本情况，我再给你们讲讲它的作战计划吧。据我多年的观察，它往往在人类不注意的时候通过他们的呼吸道潜入人体，主要进攻人类肺部的细胞。为了对付病毒，人类也有秘密武器——IFN，也就是一种叫干扰素的东西，它可以抑制病毒的复制、增殖。大家可能会疑惑，既然都有这个秘密武器了，为什么患者的病情还是在加重呢？因为它也进化了，它针对 IFN 研制出来了相应的干扰设备，可以延迟 IFN 的产生，不仅如

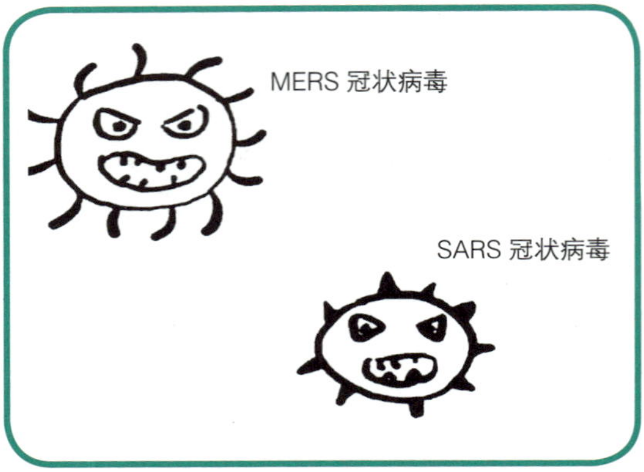

此，MERS 冠状病毒甚至还可以长时间抑制我们身体的免疫反应。第一天，它会占领并破坏人体的小肠和肝脏，这就会使人体无法吸收营养，也失去了解毒的能力，然后它们迅速蔓延，向肺部发起总攻。

感染 MERS 冠状病毒后，人体会出现发热、头痛、咳嗽等症状，如果病情加重，就会进一步发展为重症肺炎，最后因为呼吸窘迫综合征或肾衰竭等死亡。根据我搜集到的情报，科学家们正在努力寻找应对它的方法，但是很可惜，目前我们还没有找到有效的治疗方案，也没有研发出可以有效应用于人体的疫苗，但是我们可以加强防护，从根源上杜绝感染病毒的可能性。大家一定要勤洗手，避免接触有呼吸道感染症状的患者，在去往人员密集的场所时一定要戴好口罩，在出现发热、咳嗽等症状时也不要轻视，一定要去医院检查一下，不要让可恶的病毒有可乘之机。

前车之鉴：MERS 冠状病毒对韩国的影响

自从 MERS 冠状病毒在韩国暴发后，韩国的经济受到了巨大的影响。

历来繁荣的韩国著名景点逐渐变得无人问津，仅在 2015 年 6 月 2 日这一天，来自海内外的 7 000 多名游客，由于十分害怕 MERS 冠状病毒的广泛传播，都纷纷取消了到韩国进行旅游观光的计划。这导致了韩国的旅游业受到了极大的损失，韩国在旅游经济上的收入更是大幅度下降。

另外，韩国在产品的生产制造和消费上也陷入了较为低迷的状态。面对突如其来的病毒，人们消费欲望不断下降，这就导致了工厂生产的产品难以卖出去，各行各业的工人失去了生产制造货物的动力与信心，从而导致韩国在生产和消费上的发展一时停滞不前。

最后，韩国不仅本地的生产受到了阻碍，与其他国家的合作也是显得困难重重。在出口方面，由于世界上的其他国家都十分害怕韩国将这种致命的病毒通过货物传播到自己国家，从而威胁到本国人民的健康与生命安全，都不愿意与韩国进行贸易上的合作，这也就导致了韩国在出口上的不顺利。MERS 冠状病毒疫情时期，韩国经济的恢复和发展都十分缓慢。

医生的话

MERS 冠状病毒和 SARS 冠状病毒之间既有千丝万缕的联系，也有着各自的特征。大家不妨在家长的帮助下去查一查，一起学习一些新知识哦！

医学的研究道路是无穷无尽的，我们对于 MERS 冠状病毒的研究也不会停止，终有一天我们将完全战胜它。

参考文献

[1] ANSARINIYA H，SEIFATI S M，ZAKER E，et al. Comparison of Immune Response between SARS，MERS，and COVID-19 Infection，Perspective on Vaccine Design and Development[J]. Biomed Res Int，2021，2021：1-11.

[2] ALBARRAK A I，MOHAMMED R，AL ELAYAN A，et al.Middle East Respiratory Syndrome（MERS）：Comparing the knowledge，attitude and practices of different health care workers[J].J Infect Public Health，2021，14（1）：89-96.

[3] ZHANG Y Y, LI B R, NING B T. The Comparative Immunological Characteristics of SARS-CoV, MERS-CoV, and SARS-CoV-2 Coronavirus Infections[J].Front Immunol, 2020, 11：1-21.

[4] 师浩桐，张淑婷，樊卫萍，等.基于GEO数据分析参与MERS-CoV感染致病的信号传导通路和关键分子[J].中国人兽共患病学报，2020，36（9）：703-708，711.

严重急性呼吸综合征

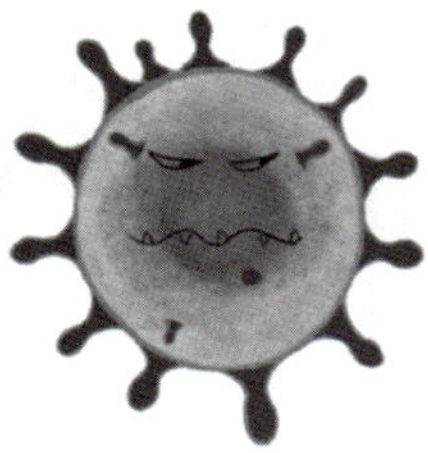

历史回顾

毁掉春节的“杀手”

2002年的冬天，当人们喜气洋洋地走在大街上，忙着为春节做准备时，一个裹着重重面纱、身怀隐身秘术和绝世武功的无情“杀手”却悄悄地溜进了城里，没有人会想到，这个春节会因此变得与想象中完全不同……

2002年12月5日，广东省的一家小医院来了一个奇怪的肺炎患者——这位患者平时身强力壮，这次却因为貌似普通的“感冒”而一病不起，来势汹汹的肺炎让他高热了好几天，整个人都烫得像一块铁板，还喘不上气来。更奇怪的是，医生们发现他们平时用的和肺炎作战的最大武器——抗生素，这次却像遇到了铜墙铁壁一样，完全不起作用。这可让医生们着急坏了。

慢慢地，患者终于好了起来，就在所有医生都松了一口气的时候，这位“杀手”却似乎并不打算离开。原来，在医生们救治时，它藏在患者的呼吸道里，当患者咳嗽时，病毒便通过飞沫悄悄地溜进了医生和护士们的肺里，霸占了新的地盘，在里面安营扎寨，无恶不作。于是不久，救治过这位患者的医生和护士们都倒下了，很多接触过这群医生和护士们的人也倒下了。他们的症状都和最初的患者一样，抗生素根本不起作用，于是当时人们把这种奇怪的肺炎叫作非典型肺炎（简称非典），英文简称为SARS，

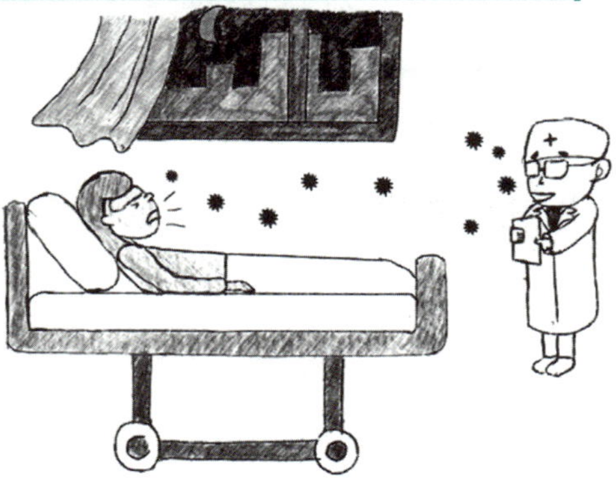

医学术语为严重急性呼吸综合征。这时大家才反应过来，这种奇怪的肺炎很有可能会传染。

可当大家意识到这一点时，已经被这个狡猾的“杀手”领先一步。它抓住了一年才有一次的春运机会，乘着火车，离开了广东省，和返回家乡的人们一起到达全国各地；它乘着轮船，到达东南亚；甚至乘着飞机，和那些旅游返家的人们一起，漂洋过海，到了欧洲各国、美国、澳大利亚。

当它从南边的广东省，千里迢迢地来到首都北京时，这里的人们还对它一无所知。很快，越来越多的人染上非典，医院里塞满了人。为了让这位看不见摸不着的“杀手”不接触更多无辜的人，人们只好把患病的人都隔离起来，没有患病的人也纷纷自我隔离，生怕染上非典。学校关闭，学生不再去上学；工厂、店铺关门，家长也不再去上班。所有人都待在家里，哪儿也不敢去，出门便会戴上厚厚的口罩。本来热热闹闹的春节变得冷冷清清，大街上也空荡荡的。不止是北京，全国甚至是世界的各个角落，因为非典而倒下的人越来越多，人们似乎陷入了被非典包围的绝境。

但是面对绝境，中国人民并没有被恐惧打倒，他们团结了起来，一起去打败非典。为了集中治疗非典患者，2003 年 4 月 22 日起，7 000 多名建筑工人在工地上不眠不休地工作了七天七夜修起了小汤山医院。医护人员们从全国各地赶来支援北京，虽然需要在 5 月裹着厚厚的防护服工作，虽然可能被传染非典而一病不起，虽然可能再也见不到自己的亲人，但他们鼓起勇气，直面这种未知的疾病，最终只用了 51 天便将近 672 名患者治愈出院。为了缓解民众的焦虑，政府每天向大家汇报非典疫情的最新情况，渐渐地，每天新增感染的人越来越少，每天出院的人越来越多。最终，6 月的暖阳和大家的共同努力赶走了非典。虽然疫情来势汹汹，但最终还是落荒而逃。

非典事件

2002 年 11 月 16 日，已知的第一例非典病例出现在中国广东省佛山市。在之后的几个月，SARS 冠状病毒一路北上，席卷中国，甚至全球都笼罩在 SARS 冠状病毒带来的阴影下。

在疫情暴发前期，由于认为疫情形势并不严峻，2003 年 2 月 12 日举行的中国足球队和世界冠军巴西足球队的友谊赛正常进行，现场球迷爆满，超过 5 万人。

2003 年 3 月 15 日后，世界很多地区都出现了有关非典的报道，非典从东南亚传播到澳大利亚以及欧洲和北美地区。印度尼西亚、菲律宾、新加坡、泰国、越南、美国和加拿大等国家都陆续出现了多起非典病例。

2003 年 3 月 25 日，美国疾病预防控制中心和香港大学微生物系已经宣布，非典病原体是来自猪的“冠状病毒”。直到 4 月 16 日，世界卫生组织在日内瓦宣布确认冠状病毒的一个变种是引起非典的病原体。

非典的元凶

它，会神不知鬼不觉地潜进人们的肺里，然后偷偷地破坏肺……不小心碰上它的人们，开始只是像普通感冒一样咳嗽，但就在你放松警惕的时候，它已经占领了肺的每一个角落，接着就会发起高热，全身酸疼，喘不上气儿来，严重者甚至有可能失去生命。它，让 2003 年的春节变得与以往任何一个春节都不一样。它，就是非典的罪魁祸首。想知道它的真实面目吗？下面，就让我们一起来了解它——SARS 冠状病毒的前世今生。

大家一定好奇，SARS 冠状病毒究竟是从哪儿来的。下面就让我们跟随科学家们的脚步一起来探寻一下它的老家吧！要知道，这种病毒可是突然出现在我们人类面前的，那它之前就不可能和我们一起生活在城市里，每天飘浮在空气中。于是，科学家们就把目光投向了荒郊野岭，科学家们想，有没有可能 SARS 冠状病毒原本好好地和小动物们生活在森林里，不小心才接触到了人类呢？科学家们把目光投向了可能携带 SARS 冠状病毒的小动物，人类怎样才有可能接触到森林里的小动物呢？最后科学家们想到了一种叫作野味的美食，这些被做成野味呈上餐桌的是本应好好生活在森林里的野生动物们。科学家们就在这里面找啊找，最后找到了一种携带 SARS 冠状病毒的野生动物——果子狸，就是因为人们在吃东西时吃了本不应该吃的果子狸，才会让病毒进入人们体内，所以大家一定不能乱吃野味哦！但这还不是 SARS 冠状病毒的真正“老巢”哦，原来果子狸只是病毒进入人体的“中转站”，病毒真正的老巢是蝙蝠。

了解了 SARS 冠状病毒是从哪儿来的，下面就让我们来看看 SARS 冠状病毒究竟是长什么样子的吧！平时我们看不见也摸不着它，但当科学家把它放大几万倍之后，我们就能看到，SARS 冠状病毒不仅长得像一个圆滚滚的皮球，更重要的是，它头上有很多复杂的“王冠”，这也是它属于冠状病毒大家族的重要特征。

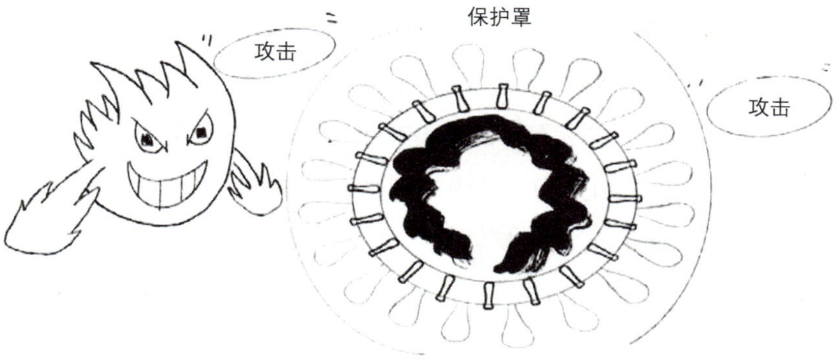

因为人们对 SARS 冠状病毒了解很少，才让它有机会感染上别人，造成了 2003 年的这场灾难。不过，现在的它已经被人们了解得一清二楚，只能夹着尾巴逃跑了。

它的身体由两部分组成，除了里面的“心脏”，“心脏”的外面还有一层特殊的保护壳。这个保护壳的用处可大了，除了保护病毒不被外来的敌人侵害之外，它的表面还有一种叫作针刺蛋白的物质，可以骗过我们的细胞，偷偷进入细胞里面潜伏起来。

打个比方吧，如果把我们正常的人体看作一个大房子，那么人身体里的细胞就是大房子里的一个个小房间。针刺蛋白就是 SARS 冠状病毒这个狡猾的“小偷”私自配的假“钥匙”，可以打开我们上锁的房间，用假“钥匙”开锁，病毒就大摇大摆地进了门，再“培养”新一批的“小偷”，加速攻陷整个大房子。

这个狡猾的“小偷”首先攻击的部位就是我们的呼吸道，被感染的患者会开始出现喉咙痛、嗓子哑的症状。随着一批又一批新的“小偷”被培养出来，我们的气管会受到攻击，不断咳嗽，并且一直不见好转。当我们终于发现自己的症状和普通感冒有所不同的时候，病情就早早地进入了下一个阶段——“小偷”开始潜入我们的肺部。当大量肺部细胞被感染失去功能后，人类就会因无法呼吸而导致死亡。

SARS 冠状病毒最狡猾之处，就在于医生们用来对付细菌的武器——抗生素对它完全不起作用，这可让医生们伤透了脑筋。好在我们的身体也不是“吃素”的。我们身体里有很多专门对抗病毒的“小士兵”，它们可是分工明确、训练有素的专业人员。其中既有能与病毒近身作战的“杀手”们，也有用武器大炮杀灭病毒的“炮兵”们，还有能够把病毒的样子准确画下来传给更多士兵看的“画手”们，它们配合起来与病毒展开一场大战。医生们能做的，就是从外部为这些“小士兵”们提供更多的援助，比如提供一些能给这些“小士兵”们打鸡血的药物。同时也防止一些细菌趁乱而入，保证这些“小士兵”们能专心对付病毒。但是这些“杀手”们有时杀红了眼，就会敌我不分，加上“小士兵”们有时不惜与病毒同归于尽，造成展开大战的战场一片狼藉，就会让肺部“塞住”，这样患者就会喘不上气来，肺部也会变得红肿。这时医生们要做的就是用一种叫作激素的药物来缓解肺部的红肿，同时用一些帮助患者呼吸的工具比如呼吸机来让肺部通气。所以大家一定好好锻炼身体，不要挑食，全面摄取营养才能够让身体的“小士兵”们更好地保护自己哦！

大家知道吗，这个“小偷”可以趁着我们咳嗽的时候，通过飞溅的唾液或者空气中的灰尘，从一个人身上跑到另一个人身上。

通过这种方式，它就可以在人群中广泛地“偷盗”，上至 60 岁的老人，下至 10 岁的小孩，它都毫不手软，通通进行攻击。于是乎，2002—2003 年暴发的这场疫情让全国的老百姓都心惊胆战，生怕它什

么时候就找上门来。

其实啊，SARS 冠状病毒并没有我们想象中的那么可怕，它害怕高温、酒精、紫外线等，所以在 2003 年 SARS 冠状病毒暴发时候，大家都会用酒精或者紫外线灯给家里好好地消毒，同时戴上口罩，认真洗手，保持良好的卫生习惯来防止 SARS 冠状病毒找上门。随着天气慢慢变暖和，到 2003 年的夏天，SARS 冠状病毒已经几乎消失了。现在大家明白为什么出门要戴上口罩，回家要好好洗手了吧？每个人都应该好好保护自己，不让病毒有机会进入自己的身体。

医生的话

虽然 SARS 冠状病毒已经几乎消失了，还是要保护好自己哦！

不管遇到什么病痛，要相信医生哦！

要相信科学的判断，不能迷信渠道不明的偏方哦！

参考文献

[1] 马亦林.冠状病毒的特性及其致病性研究进展[J].中华临床感染病杂志，2018，11（4）：305–315.

[2] 龙彦儒，于德山.“过去”作为叙事资源：新冠肺炎报道中的非典记忆研究[J].传媒观察，2021，2：29–37.

[3] 刘小茸，孙竞益.《人民日报》“新冠”与“非典”的报道比较研究[J].新闻研究导刊，2021，12（2）：93–95.

结 语

小小的“身躯”，却拥有不可小觑的力量。微生物可以大致分为细菌、病毒、真菌及其他微生物。从安东尼·列文虎克发现显微镜下的世界起，微生物便以亦敌亦友的形式出现在我们的生活之中。

本书通过风趣的语言以及丰富的例证，尽可能以多种形式展现神奇的微生物世界。例如，开篇介绍的大肠杆菌，我们从一起医治失败的疾病案例出发，直至了解它如何引发了一场造成西班牙经济的危机，通过详述“元凶”的来源以及致病机制来帮助大家全方面了解微生物。在本书中，我们试图带领大家走近微生物本身的特点，还原微生物的肖像；我们通过探寻微生物致病的形式，了解它们侵袭人体的过程；我们重温人类与微生物的抗争过程，回顾或意义深刻或啼笑皆非的趣闻……一边讲述医学知识，一边传递科学精神。

细菌在我们的身体内外无处不在，而且数量众多。有害的细菌会侵犯宿主，包括吸附于体表，侵入组织或细胞，生长繁殖，产生毒素，扩散蔓延等一系列入侵行动，造成机体损伤。本书介绍的部分细菌，是一些常见传染病的元凶。例如引发肺结核的结核分枝杆菌和致使鼠疫暴发的鼠疫杆菌。除此之外，还有一些益生菌，比如乳酸菌，对人体有益，具有一定的食用安全性。一般来说，人体内许多细菌的存在都是和人类的机体维持一定平衡状态的，但是当遇到某些特殊情况，例如菌群失调、人类免疫力下降时，这些原本安全的细菌就会展现它们邪恶的一面，对人类健康产生危害。

真菌相对细菌来说体型庞大许多，是一种特别的真核生物。对人类有致病性的真菌有 300 多个种类。大部分致病性真菌属于霉菌类别，在诸多食物中毒事件中，霉菌都难辞其咎。而最常见的真菌性疾病是皮肤癣菌病，在我们的手脚、躯干乃至头皮上留下斑斑劣迹。但有些真菌也是食物来源，如冬菇、草菇、木耳等。一些需要发酵的食品也会用到真菌，例如酵母菌用于面包加工，酿酒也需要酵母菌。青霉素的发现增强了人类抵抗细菌性感染的能力。通过研究，不同抗生素相继产生，如链霉素、氯霉素、土霉素、四环素等，使人类增加了与细菌抗争的能力。

病毒是一种特殊的存在，它必须入侵宿主细胞，才能进行生命活动，否则便不能存活。即便如此，它还是给人类带来了巨大的恐惧和伤害。病毒入侵宿主细胞后，通过对宿主细胞的直接作用以及与免疫系统的相互作用，诱发免疫机体受损并引发免疫逃逸，对细胞造成伤害。对于一些危害很大的病毒例如人类免疫缺陷病毒、狂犬病毒等，仍未研究出完全治愈的方法，它们随时会给人类带来巨大的威胁。但某些病毒会给人类带来一定的益处，例如利用噬菌体可以治疗一些细菌感染；利用昆虫病毒可以治疗和预防一些农业病虫害等。

出于微生物常见程度以及人类对其认知程度的综合性考量，本书选择了大肠杆菌、结核分枝杆菌、沙门菌、乳酸菌等 12 种细菌，念珠菌、隐球菌、酵母菌等 7 种真菌，以及狂犬病毒、脊髓灰质炎病毒、人类免疫缺陷病毒等 16 种病毒或类似微生物。同时，亦对席卷全球的世界大流行疫情进行了科普，如黑死病、西班牙流感等。为了紧贴事实，对 MERS 冠状病毒、SARS 冠状病毒这些近年出现的病毒亦做了详细的介绍。在书中，能够看到这些“凶名赫赫”的微生物的真实面目。

微生物曾对人类健康产生过种种威胁和伤害，在本书中，我们将伤疤揭开，回顾过往经历，总结原因、教训，提出防治手段。微生物有时会无情地挥舞“死神”的“镰刀”，让人类的生命在一场又一场瘟疫中消逝；而有时它们又成为治病医人的良药。我们不否认部分微生物的积极作用，怀着科学的精神，我们将其加以利用，造福人类。

早在千年前，古人在没有系统性了解的情况下，就挖掘出微生物的益处：有些微生物有助于肠道的蠕动进而促进消化，有些则可以用于发酵工艺。在近代，青霉素挽救了战场上的无数生命，使得人们更加重视微生物的研究。步入现代，诸多微生物开始被人类逐渐掌控，用于生产、生活的方方面面：有食品应用价值，如用于生产酱油、醋、味精等常见调味品，酒、酸奶等常见饮品；有工业应用价值，如用于生产皮革、纺织、石化等；有不可或缺的医用价值，如用于抗生素、疫苗、维生素的开发；也有诸如在矿产探测、矿产开采、废物处理等领域，发挥着重要作用的微生物。

在生物的生存繁殖过程中，一以贯之的是“利己主义”，小小的微生物没有知觉，既不会因为人类独一无二便与我们做朋友，也不会因为人类雷厉风行便闻风退却。“亦敌亦友的微生物”背后，是一部人类面对自然、利用自然、抗争自然、改造自然的血泪史，是一部科学战胜愚昧、真理战胜谬误、认知曲折前进的发展史，是人类文明闪着光、带着电、不断斗争、不断前行的现实见证。本书看似聚焦微生物，实则从未停止对人类的审视、歌颂、批判、劝诫；本书看似科普自然科学知识，实则始终贯穿着严谨、理性、和谐的人文主义精神，并客观论述。

也正是基于人的智慧与主观能动性，有人预言：“如果有什么东西能在未来几十年里杀掉上千万人，那更可能是有高度传染性的病毒，而不是战争；也不是导弹，而是微生物。”在我们深入探索这个领域的同时，也应当清楚地意识到，微生物能够为人类所用，造福人类，也必然能被用于加害人类；微生物能为人类所掌控，也必然有可能脱离掌控。

面对亦敌亦友的微生物，我们应始终心怀敬畏地前行，以尊重自然的态度进行研究，不因其利而麻痹大意，不因其害而畏缩不前。相信人类，必会使科学与文明不断攀上新的高峰！